ESSAI

SUR LA DÉTERMINATION

DES

CENTRES DE GRAVITÉ.

PARIS. — IMPRIMERIE ET FONDERIE DE FAIN,
RUE RACINE, N° 4, PLACE DE L'ODÉON.

ESSAI

SUR LA DÉTERMINATION

DES

CENTRES DE GRAVITÉ,

SUIVI DE NOTES

SUR LA PYRAMIDE TRIANGULAIRE, LE BINOME DE NEWTON,
LA RÈGLE DE DESCARTES, ET LES LIGNES DU 2e DEGRÉ,

PAR H. C. GAUBERT,

Capitaine au corps royal du génie, ancien élève de l'École Polytechnique,
et membre de plusieurs Sociétés savantes.

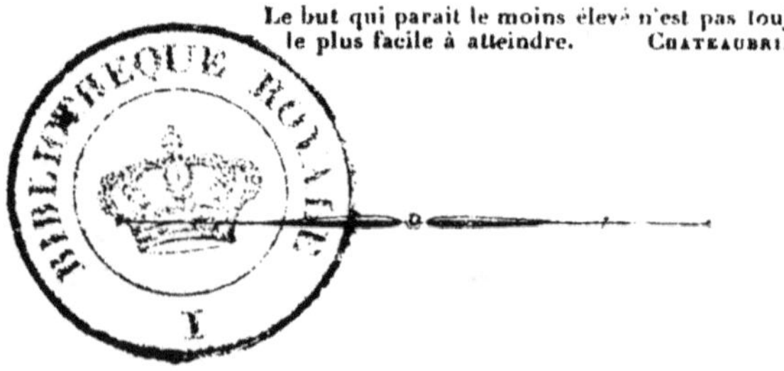

Le but qui paraît le moins élevé n'est pas toujours
le plus facile à atteindre.　　CHATEAUBRIAND.

A PARIS,

CHEZ CARILIAN-GOEURY, LIBRAIRE-EDITEUR
DES CORPS ROYAUX DES PONTS ET CHAUSSÉES ET DES MINES,
Quai des Augustins, N° 41.
1836.

PRÉFACE.

———

Tous ceux qui ont étudié avec soin et observation les mathématiques élémentaires, ont sans doute remarqué que les auteurs qui ont écrit des traités de statique, semblent avoir abandonné pour cette science, si utile par ses applications et si féconde par ses résultats, la rigueur de démonstration qui forme aujourd'hui la base de toutes les sciences positives ; la théorie des centres de gravité surtout manque de développemens, et ne présente que des résultats déduits de considérations peu rigoureuses, souvent en opposition avec les idées géométriques acquises jusque-là, et qui doivent laisser du doute dans l'esprit de l'élève, qui, non encore familiarisé avec le calcul infinitésimal, ne connaît pas les méthodes purement mathématiques qui confirment ces résultats. Ce vice nous paraît d'autant plus dangereux, que dans la statique toutes les vérités utiles sont loin d'être connues, et qu'il faut mettre l'élève à même de faire usage de l'esprit de recherche ; ce motif nous a déterminé à présenter les propositions sous forme de problème ; nous avons cherché à donner la détermination des centres de gravité avec rigueur et simplicité ; nous n'avons pas cru devoir admettre avec certains auteurs, qu'une ligne ou une surface qui divise un plan ou un corps en deux parties symétriques , contient le centre de gravité de ce plan ou de ce corps ; nous avons dans chaque cas donné plusieurs démonstrations, dont l'une est dégagée de calcul ; nous avons examiné tous les corps géométriquement définis ; nous avons simplifié certains théorèmes connus, nous en avons ajouté ou généralisé plusieurs autres : nous avons exposé quelques applications de la théorie des centres de gravité, et nous avons terminé par l'examen des diverses méthodes employées jusqu'à ce jour.

Ce petit essai est suivi de notes qui renferment une nouvelle démonstration du volume de la pyramide triangulaire, du *binome de Newton*, et de la règle de *Descartes* dont on a tiré quelques conséquences remarquables sur les racines imaginaires ; celle relative au binome est entièrement indépendante de la théorie des combinaisons. Ces notes se terminent par la discussion des lignes du

deuxième degré ou des courbes du premier degré ;
nous avons montré qu'en ne faisant usage que de
l'équation générale du deuxième degré , on pouvait
facilement établir toutes les propriétés de ces courbes , celle de leurs tengentes , de leurs asymptotes ,
de leurs diamètres, de leurs cordes , et même de
leurs rayons vecteurs : cette manière d'envisager la
géométrie analytique est plus simple et plus féconde ; enfin, nous avons fait voir que les équations
réduites de ces courbes restent les mêmes , quelle
que soit l'inclinaison des diamètres conjugués aux-
quels on les rapporte , sans être obligé d'avoir
recours aux doubles transformations en usage dans
les ouvrages élémentaires , car en nous appuyant
sur ce que l'on peut toujours faire disparaître le
deuxième terme d'une équation , nous sommes ar-
rivé aux équations réduites, sans autre opération
que celle qui consiste à faire une inconnue égale
à une autre inconnue augmentée ou diminuée
d'une quantité donnée , c'est-à-dire à changer seulement l'origine des axes des exordonnées ; cette
amélioration, jointe à la précédente , simplifie
beaucoup la géométrie analytique , et rend inutile
la théorie des diamètres conjugués , qui forme la
partie la plus difficile et la plus fastidieuse pour
les élèves.

Nous devons constater ici que cet essai est le résultat d'un travail fait par l'auteur en 1824, au moment où il est entré à l'École Polytechnique, et que diverses circonstances l'avaient empêché de compléter, et de mettre en ordre jusqu'à ce jour; depuis, il a communiqué à plusieurs personnes diverses parties de ce travail; n'ayant pu parcourir tous les ouvrages publiés dans ce long intervalle, il a cru devoir faire cette observation, afin de se mettre à couvert de tout soupçon de plagiat.

NOTIONS PRÉLIMINAIRES.

Lorsqu'on veut appliquer les lois de l'équilibre aux corps tels qu'ils existent dans la nature, il est nécessaire d'avoir égard à une nouvelle force qu'on nomme la *pesanteur*.

La pesanteur est cette cause inconnue qui attire tous les corps vers la terre. On sait en effet que tous les corps sont pesans, c'est-à-dire qu'abandonnés librement à eux-mêmes ils tombent vers la surface de la terre; et même, lorsqu'ils sont soutenus par quelque obstacle fixe, leur tendance à tomber se fait encore sentir par la pression qu'ils exercent contre cet obstacle. La pesanteur qui les tire ainsi vers la terre est une force qui sollicite leurs moindres particules, et agit également sur chacune d'elles, car l'expérience prouve que, dans le vide, des corps quelconques de masses inégales tombent de la même hauteur avec la même vitesse.

La direction de la pesanteur est représentée par celle d'un fil à plomb en équilibre, c'est-à-dire par une perpendiculaire à la surface des eaux tranquilles. Cette dernière est ce qu'on nomme une *verticale*, et le plan qui lui est perpendiculaire s'appelle *plan horizontal*. La surface des eaux étant à peu près sphérique, la verticale change en chaque lieu, et les directions de la pesanteur vont toutes concourir au centre de la terre. Mais comme les distances que l'on considère en statique sont infiniment petites par rapport au rayon de la terre, nous pouvons admettre que deux verticales peu éloignées sont parallèles.

D'un autre côté la pesanteur n'est pas rigoureusement la même pour des lieux différens; elle varie à la surface de la terre : elle est la plus grande au pôle et diminue ensuite jusqu'à l'équateur où elle est la plus petite. De plus, pour deux lieux à égale distance de l'équateur, il y a encore une variation dépendante de l'éloignement de ces lieux par rapport au centre de la terre; on sait en effet que l'intensité de la pesanteur croît en raison inverse du carré des distances au centre de la terre. Néanmoins nous considérerons la pesanteur comme une force constante, parce qu'il n'y a pas assez de différence entre ces distances des molécules des corps que nous aurons à considérer, soit à l'équateur, soit au centre de la terre, pour que ces variations soient sensibles.

D'après ce qui précède, il est évident que la résultante de toutes les forces de la pesanteur leur est parallèle et est égale à leur somme. Cette quantité de résultante ou la force qui en résulte pour chaque corps est ce qu'on nomme son poids. Ce dernier est donc proportionnel au nombre de molécules qui composent le corps, et qu'on nomme sa masse, et est égal à la pression qu'exerce ce corps contre un obstacle fixe sur lequel il serait soutenu.

Les forces de la pesanteur pouvant être entièrement assimilées à des forces parallèles, il en résulte qu'elles ont un centre, c'est-à-dire un point par lequel passe continuellement leur résultante, quelle que soit l'inclinaison de ces forces ; en sorte que pour chaque corps il existe un point unique qui appartient constamment à la direction de son poids, quelle que soit d'ailleurs la position de ce corps : ce point unique s'appelle *centre de gravité*. On voit que la position de ce point ne dépend en rien de la gravité, mais seulement de la manière dont toutes les molécules sont disposées les unes à l'égard des autres : c'est ce qui avait fait donner à ce point la fausse dénomination de centre, de masse ou de figure.

Soit M la masse d'un corps, c'est-à-dire la quantité de matière qu'il renferme, soit V le volume de ce corps. Si ce corps est homogène, c'est-à-dire si à des volumes égaux répondent des masses égales, le rapport $\frac{M}{V}$ sera égal au rapport $\frac{m}{v}$ des quantités analogues pour un élément du corps. Ce rapport constant est appelé *densité* du corps ; mais si le corps est hétérogène $\frac{M}{V}$ ne sera plus égal à $\frac{m}{v}$, et alors $\frac{M}{V}$ est ce qu'on appelle la densité moyenne du corps.

Concevons que le corps sans changer de masse diminue de volume ; la densité variera à chacun de ses points. Si les trois dimensions décroissent à la fois jusqu'à devenir nulles, la masse se concentrera en un seul point, et on aura l'idée d'un point matériel. Si deux dimensions seulement diminuent, on aura une ligne matérielle ; enfin si une seule direction se réduit à zéro, on aura une surface matérielle. Si des portions égales de masse se concentrent sur des portions égales de surface ou de ligne, la masse relative à une partie sera proportionnelle à l'aire ou à la longueur de cette partie, et le rapport d'une portion de ligne ou de surface à la masse correspondante sera la densité de la ligne ou de la surface; dans le cas contraire, le rapport que je viens d'énoncer sera la densité moyenne de la portion que nous considérons. Nous supposerons les corps homogènes.

La première question qui s'offre à l'esprit est de savoir si le centre de gravité d'un corps est toujours un point de ce corps. D'abord il est évident que le centre de gravité se trouve nécessairement dans la sphère circonscrite au corps, car la ligne qui joint deux points quelconques de ce corps est toute comprise dans cette sphère : par la même raison, le centre de gravité de tout corps à surface convexe se trouve dans l'espace circonscrit par cette surface; mais il n'en est pas de même des corps à surface concave, car il peut se trouver des points de ces corps, tels qu'en les joignant par une ligne droite, cette ligne est en tout ou en partie hors des corps.

Comme on peut concevoir qu'à toutes les forces de la pesanteur ōn ait substitué leur résultante, on peut considérer le centre de gravité d'un corps comme un point où se trouve concentrée toute la masse de ce corps : en sorte qu'on pourra regarder un corps comme réduit à son centre de gravité, qui sera sollicité par une face égale à son poids.

Si on fixe le centre de gravité d'une manière invariable, le corps restera en équilibre dans toutes ses positions autour de ce point ; si ce n'est pas le centre de gravité qui est fixe, mais un autre point, il suffira, pour l'équilibre, que la ligne qui joint ces deux points soit une verticale. Si le centre de gravité est plus haut que le point fixe, le corps sera supporté; dans le cas contraire il sera suspendu.

Il existe quelques méthodes excessivement simples pour déterminer le centre de gravité d'un corps; mais ces déterminations sont purement expérimentales; la méthode la plus simple consiste dans l'emploi du fil à plomb. En effet, si on suspend successivement le corps par deux de ses points, et que l'on trace dans chaque cas effectivement ou idéalement la prolongation du fil de suspension à travers le corps, lorsque l'équilibre est bien établi, ces deux directions se couperont au centre de gravité.

On peut aussi déterminer la position de ce centre, en faisant reposer les corps sur un plan horizontal, et essayant de le mettre en équilibre en ne le faisant toucher que par un seul point; car alors le centre se trouvera sur la verticale du point de contact. Pour opérer plus simplement, on appuie le corps sur un plan incliné, susceptible d'être élevé sous divers angles; alors tout se réduit à observer l'inclinaison du plan. Deux opérations semblables déterminent le centre de gravité.

Voyons maintenant comment on peut déterminer, par des procédés rigoureux, le centre de gravité d'un corps ou d'un assemblage de corps.

En général, ce centre n'est autre chose que le point d'application de la résultante de toutes les forces de la pesanteur appliquées à toutes les molécules; mais lorsque le corps dont il s'agit peut se décomposer en plusieurs parties dont on connaît les centres de gravité, il suffit alors de remplacer chaque partie par une force égale à son poids appliquée à son centre de gravité, et de chercher le point d'application de la résultante de toutes ces forces. On agira de même pour trouver le centre de gravité du système de plusieurs corps, dont on connaît les centres de gravité respectifs. On pourra donc pour cela employer, soit la composition des forces, soit la théorie des momens.

Il résulte de là que *la distance du centre de gravité du système de plusieurs corps à un plan est égale à la somme des momens de leurs poids, par rapport au plan, divisée par la somme des poids, ou à la somme des momens des masses, divisée par la somme des masses,* puisque les masses sont proportionnelles aux poids. Dans le cas où les masses sont égales, cette *distance* est *égale* à la *moyenne distance des centres de gravité de tous les corps à ce plan*.

La détermination du centre de gravité d'un système quelconque se réduit donc à trouver la distance de ce point à trois plans quelconques, que l'on prend ordinairement rectangulaires entre eux.

Dans plusieurs cas, ces opérations se simplifient beaucoup. En effet, d'après ce qui précède, la somme des momens, par rapport à un plan passant par le centre de gravité du système, est égale à zéro, et réciproquement. On voit d'après cela que, lorsque tous les centres de gravité des corps sont dans ce même plan, celui du système s'y trouve aussi, et par conséquent ce dernier sera entièrement déterminé si l'on connaît sa distance à deux autres plans. Si en outre ces deux plans sont perpendiculaires aux premiers, il suffira de chercher les distances de ce centre à leurs traces; ainsi, si on trace dans le plan donné deux axes rectangulaires entre eux, on aura les distances du centre de gravité à ces axes en divisant la somme des momens des masses, par rapport à ces axes, par la somme des masses. Donc, le centre cherché se trouvera à l'intersection de deux droites parallèles aux axes, et tirées aux deux distances trouvées.

Par les mêmes raisons, lorsque les centres de gravité des corps se trouvent sur une même ligne droite, cette dernière contient le centre de gravité du système. Il suffit donc alors, pour déterminer ce centre de gravité, de chercher sa distance à un seul plan. Ou si on prend ce dernier perpendiculaire à la ligne des centres, les distances à ce plan seront les mêmes que les distances au point où il coupe la ligne. Ainsi, lorsque les centres de gravité de plusieurs corps se trouvent sur une ligne droite, la distance du centre de gravité du système, à un point de cette droite, est égale à la somme du moment des masses, par rapport à ce point, divisée par la somme des masses. Donc, pour avoir ce centre de gravité, il suffira de porter la distance trouvée sur cette ligne, et à partir du point choisi.

Dans tout ce que nous venons de dire, il est entendu que l'on prend, avec des signes contraires, les momens des masses qui sont de différens côtés de l'*axe* ou *du plan des momens*.

Lorsque le corps ne peut être décomposé en parties.

dont on connaît les centres de gravité, on peut toujours considérer ce corps comme formé de particules qui sont elles-mêmes leur centre de gravité. Alors on obtiendra la distance de ce centre de gravité du corps à un plan, en divisant la somme des momens des masses de toutes ces molécules par la somme des masses ou la masse totale. C'est là la méthode employée dans le calcul infinitésimal ; mais il existe, pour presque tous les corps géométriquement définis, des méthodes simples et rigoureuses que nous allons exposer.

CENTRES DE GRAVITÉ

DES SURFACES.

THÉORÈME.

Lorsqu'un système de forces parallèles peut être partagé en deux parties, telles que l'une d'elles soit moindre que toute quantité donnée, ou que leur rapport soit plus grand que toute quantité assignée, et qu'en même temps le point d'application de la résultante de sa plus grande partie est sur une ligne ou une surface déterminée de position, le point d'application de la résultante de tout ce système est aussi sur cette ligne ou cette surface.

J'observe d'abord que la résultante de tout le système peut être considérée comme étant la résultante de deux autres forces, dont l'une P est la résultante de la plus grande partie, et l'autre Q est celle de la plus petite, et en outre que le point d'application de la résultante de deux forces parallèles est sur la ligne droite qui joint leurs points d'application. Cette ligne est évidemment plus petite que le diamètre D de la sphère qui comprend tous les points d'application des forces qui composent le système dont il s'agit : cela posé, je dis que le point d'application de la résultante R des deux forces P et Q est sur la ligne ou sur la surface où se trouve celui de la force P : car, supposons que cela ne soit pas, et que d représente la plus petite distance de ce point à cette ligne ou à cette surface. En représentant par a la distance du point d'application de la force R à celui de la force P, et par b sa distance à celui de la force Q, on aura

$$P : Q :: b : a \quad \text{d'où} \quad P = Q \times \frac{b}{a} \quad \text{ou} \quad \frac{P}{Q} = \frac{b}{a}.$$

mais a est plus grand que d et b et plus petit que D, ainsi $\frac{b}{a}$ ou $\frac{P}{Q}$ ne pourrait pas être plus grand que $\frac{D}{d}$ qui est une quantité limitée, et par conséquent Q ne pourrait pas être moindre que toute quantité donnée, ou $\frac{P}{Q}$ ne pourrait pas être plus grand que toute quantité assignée, ce qui est contre supposition ; donc, etc.

THÉORÈME.

Le centre de gravité d'une surface ou d'un corps se trouve sur la ligne ou sur le plan qui divise cette surface ou ce corps en deux parties égales (bien entendu que ces deux parties peuvent coïncider en tournant autour de la ligne ou plan commun).

Planche I.
Fig. 1.

Soit mn la ligne ou le plan qui divise la surface ou le corps en deux parties égales, o le centre de gravité de l'une des parties ; en menant oo' perpendiculaire sur mn, et prenant $bo' = bo$, le point o' sera le centre de gravité de l'autre partie : en effet, les centres de gravité des deux parties doivent coïncider en pliant la figure sur mn, ce qui exige que le point o' soit sur la perpendiculaire ob à une distance $o'b = ob$: mais puisque les deux parties sont égales d'après la composition des forces parallèles, le centre de gravité de la figure est sur le milieu de oo', ainsi il est sur mn.

CONSÉQUENCES.

Donc le centre de gravité d'une ligne droite est à son milieu.

Le centre de gravité du contour d'un triangle est le centre du cercle inscrit au triangle formé en joignant les milieux des trois côtés. Soient p, p', p'' des forces appliquées aux milieux des côtés et représentant ces côtés : le centre de gravité cherché sera le point d'application de la résultante de ces trois forces : soit h le point d'application de la résultante des deux forces p, p', le centre de gravité est sur $m''h$; or, on a $hm' : hm :: p . p' :: ab : ac :: m'm'' : mm''$, ce qui prouve que $m''h$ divise l'angle $mm''m'$ en deux parties égales ; on démontrerait de même qu'il se trouve sur $m'k$ qui divise également l'angle $mm'm''$.

Donc, etc.

Le centre de gravité du contour d'un parallélogramme est à son centre ou à l'intersection de ses deux

Fig. 2.

diagonales : car, en considérant chaque côté comme concentré en son milieu, ce point est le point d'application des forces appliquées aux milieux des trois côtés, qui sont égales deux à deux.

Fig. 3.

On verrait de même que le centre de gravité d'un polygone régulier, ou d'un polygone symétrique, est à son centre. On peut observer à ce sujet que le centre de gravité d'un pentagone régulier $abcdf$ est au point n intersection de dm et bo, m et o étant les milieux des côtés ab, fd, car le centre de gravité du système des deux côtés fd, dc, est au milieu de or ; de même le centre des deux côtés af, bc se trouve au milieu de $o'p$, et par suite le centre de ces quatre côtés est sur dm, qui contient aussi celui de ab.

Donc, etc.

En général, il sera très-facile de déterminer le centre de gravité du contour d'un polygone quelconque, puisqu'on pourra remplacer chaque côté par son poids appliqué en son milieu, et qu'il n'y aura qu'à chercher le point d'application de la résultante de toutes ces forces.

Le centre de gravité de la circonférence et de la surface d'un cercle est à son centre, car il est l'intersection de deux diamètres qui divisent le cercle et la circonférence en deux parties égales : de même le centre de gravité du contour ou de la surface d'une ellipse ou d'une hyperbole est au centre ou à l'intersection des deux axes de cette courbe. Le centre de gravité de la surface et du volume de la sphère est à son centre, car ce point d'intersection de trois plans diamétraux qui divisent la sphère et la surface en deux parties égales : de même le centre de gravité d'un ellipsoïde ou d'un hyperboloïde est à leur centre, soit qu'il s'agisse de leur volume ou de leur surface ; enfin, le centre de gravité d'un polygone régulier est à son centre. Il en est de même d'un polygone symétrique.

PROBLÈME PREMIER.

Déterminer le centre de gravité d'un parallélogramme.

Soit *abcd* un parallélogramme quelconque, si on le divise en deux parties égales par la ligne *mn* menée parallèlement, et à égale distance des deux bases *ab*, *cd* ; et si on conçoit qu'on superpose l'une des moitiés sur l'autre en plaçant la base *ab* sur la base MN, les centres de gravité *z*, *z'* des deux parties coïncideront. Ainsi ces centres de gravité sont à égale distance des bases inférieures des deux parallélogrammes partiels ; ainsi la distance verticale entre ces centres de gravité est égale à la moitié de la hauteur du grand parallélogramme. Or, les deux parallélogrammes partiels étant égaux, le centre de gravité du parallélogramme *ac* est à égale distance verticale des deux points *z* et *z'*, étant distant de chacun d'eux du quart de la hauteur du parallélogramme *ac*. Il est évident, d'après cela, que ce centre de gravité est sur la ligne *mn* ; car s'il était à une distance *d* au-dessus de cette ligne, le point *z* serait éloigné de la même ligne de *d*, plus le quart de la hauteur du parallélogramme *ac* ; et comme la ligne qui divise le parallélogramme *mc* en deux parties égales est éloi-

Fig. 4.

gnée de *mn* du quart de la hauteur de *ac*, il s'ensuit
que le centre de gravité *s* est à une distance *d* de la
ligne menée à égale distance de *mn* et de *de*; conséquemment si le centre de gravité d'un parallélogramme est éloigné de *d* de la ligne menée à égale
distance des bases, cela a aussi lieu pour un parallélogramme qui ne serait que la moitié du premier. D'où il suit qu'en opérant la même division
sur les parallélogrammes partiels, jusqu'à ce qu'on
soit parvenu à un parallélogramme dont la hauteur
serait moindre que *d*, on aurait un parallélogramme
tel que son centre de gravité serait en dehors de
ce parallélogramme, ce qui est impossible. On démontrerait de même que le centre de gravité ne peut
être en dessous de *mn*, aussi il est sur cette ligne,
par les mêmes raisons il se trouve sur la ligne *pq*
menée à égale distance des bases, donc il est au point *o*.

*Donc le centre de gravité d'un parallélogramme est
à l'intersection de ses deux diagonales ou à son centre.*

Autre démonstration.

Je divise le parallélogramme en *n* parallélogrammes
égaux par des lignes parallèles à la base. Soit *a* la
surface de l'un d'eux, *na* sera celle du parallélogramme; soit *x* la distance de son centre de gravité
à la base, *nax* sera son moment, et il égalera la
somme des momens des parallélogrammes partiels.
Le moment du premier est égal à *a*, multiplié par
la distance de son centre de gravité à la base du
grand parallélogramme. Je dis que ce centre de
gravité est distant de la base de $\frac{h}{2}$ (*h* étant la hauteur

d'un petit parallélogramme) ; car supposons qu'il soit à la distance $\frac{h}{2} \pm s$, alors le moment du petit parallélogramme sera

$$a \left(\frac{h}{2} \pm s \right),$$

celui du suivant sera

$$a \left(\frac{h}{2} \pm s + h \right) = a \left(\frac{3h}{2} \pm s \right),$$

celui du 3 sera

$$a \left(\frac{h}{2} \pm s + 2h \right) = a \left(\frac{5h}{2} \pm s \right);$$

enfin le moment de celui du rang n

$$a \left(\frac{h}{2} \pm s + (n-1)h \right) = a \left(\frac{(2n-1)}{2} h \pm s \right),$$

en sorte que

$$nax = a \left(\frac{h}{2} \pm s \right) + a \left(\frac{3h}{2} \pm s \right) + a \left(\frac{2n-1}{2} h \pm s \right) =$$

$$= a \left(\frac{h}{2} \cdot n^2 \pm ns, \right)$$

$$\text{d'où } x = \frac{hn}{2} \pm s.$$

Or, nh est la hauteur du grand parallélogramme, ce qui montre que le centre de gravité du grand parallélogramme est distant du milieu de sa hauteur de la même quantité que le centre de gravité de l'un des petits parallélogrammes l'est du milieu de sa hauteur ; d'où il résulte que le centre de gravité de l'un des parallélogrammes serait en dehors en subdivisant le parallélogramme en une infinité de parallélogrammes partiels.

Donc le centre de gravité d'un parallélogramme est à l'intersection de ses deux diagonales ou à son centre.

Autre démonstration.

Fig. 5.

Soit *abcd* le parallélogramme ; si je mène les diagonales *bc*, *ca*, je formerai quatre triangles égaux deux à deux. Si *g* est le centre de gravité du triangle *aob*, en menant *fgoe* et prenant *he* = *fg* ; le point *h* sera le centre de gravité du triangle *doc* ; puisque, quand ces deux triangles sont superposés, ces centres de gravité doivent coïncider. Comme ces deux triangles sont égaux, le centre de gravité de leur système sera au point *o* intersection des diagonales. Le centre de gravité des deux autres triangles se trouvera de même à ce point.

Donc le centre de gravité d'un parallélogramme est à l'intersection de ses deux diagonales ou à son centre.

Autre démonstration.

Fig. 6.

Soit *abcd* le parallélogramme en question. Les deux triangles *abd*, *bdc* sont symétriques par rapport à *bd*, détachons le triangle *bcd*, et plaçons-le dans la position *bc'd* ; alors les deux triangles pourront coïncider en tournant autour de la ligne *bd*. Donc leurs centres de gravité *o'*, *o''* se trouvent sur une perpendiculaire à *bd*, et à des distances *o''r*, *o'r* égales.

D'après cela *m* étant le centre de gravité de *abd* dans sa position primitive, si je prends *dk* = *bk*, et élevant *kn* = *mh* perpendiculaire sur *bd*, *n* sera le centre de gravité de *bcd*, le centre de gravité du parallélogramme est donc au point *o* au milieu de *mn*, c'est-à-dire sur *bd*.

Donc le centre de gravité d'un parallélogramme est à l'intersection de ses deux diagonales ou à son centre.

Note. Cette démonstration généralisée peut servir à démontrer que le centre de gravité d'une surface ou d'un corps se trouve sur la ligne ou le plan qui divise cette surface ou ce corps en deux parties symétriques.

CorolLaire. *La distance du centre de gravité d'un parallélogramme à un plan est égale au quart de la somme des distances de ses quatre sommets au même plan*, puisque ce point est le point d'application de quatre forces égales appliquées à ces sommets.

PROBLÈME II.

Déterminer le centre de gravité d'un triangle.

Soit *abc* le triangle. Je mène *dg*, *ef* parallèles à la base *ac* : la figure *dgfc* est un trapèze; si j'abaisse *es*, *fr* parallèles à *bh*, menée du sommet au milieu de la base, le trapèze se composera d'un parallélogramme et de deux triangles : or, le parallélogramme est à la somme des deux triangles comme la base *sr* est à la demi-somme de leurs bases ou à la moitié de la différence des bases du trapèze : mais cette différence peut être prise aussi petite que l'on veut; ainsi le rapport entre le parallélogramme et la somme des deux triangles peut être plus grand que toute quantité donnée; le centre de gravité du tra-

Fig. 7.

pèze se trouve donc sur la ligne bh qui contient celui du parallélogramme.

Or, le triangle abc peut être divisé en une infinité de trapèzes, et un triangle au sommet plus petit que toute quantité assignée; et tous ces trapèzes ayant leurs centres de gravité sur bh, cette droite contient celui du triangle abc : il se trouve de même sur cm, et par conséquent au point o : or, en joignant mh, cette ligne sera parallèle à bc, et on aura

$$ah : ac :: hm :: bc :: oh : ob$$

mais $ah = \frac{1}{2}\, ac$, et par suite $oh = \frac{1}{2}\, ob = \frac{1}{3}\, bh$ et $bo = \frac{2}{3}\, bh$. Donc *le centre de gravité d'un triangle se trouve sur la ligne menée du sommet au milieu de la base, au tiers à partir de la base, et aux deux tiers à partir du sommet.*

Autre démonstration.

Fig. 8.

On peut se servir de l'absurde pour déterminer le centre de gravité d'un triangle; il est facile de prouver que le centre de gravité d'un triangle ne peut pas être éloigné de la base d'une quantité $\frac{h}{3} + m$, h étant la hauteur et m une quantité quelconque. Soit d le milieu de la base et soient menées de, df, parallèles aux deux autres côtés. En représentant par x la distance des centres de gravité des triangles aed, dfc à la base, et observant que $\frac{h}{2}$ est la distance du centre de gravité du parallélogramme $bedf$ à la base; en prenant les momens par rapport à cette ligne, et égalant le moment de abc à la somme des momens du parallélogramme et des deux petits triangles, on aura

$$\left(\frac{h}{3}+m\right) abc = aed \times x + dfc \times x + edfb \times \frac{h}{2}$$

$$= \frac{1}{2}\, abc.\; x + \frac{1}{2}\, abc.\, \frac{h}{2},$$

d'où l'on tire

$$x = \frac{h}{6}+2\, m :$$

ce qui montre qu'en raisonnant de même sur le triangle *aed* et ainsi de suite, on parviendrait à un triangle qui ne contiendrait pas son centre de gravité, ce qui est absurde.

D'après cela le centre de gravité du triangle *abc* est distant de chaque côté du tiers de la hauteur : cela posé, si l'on prend $ah = \dfrac{ab}{3}$ et que l'on mène *hf* parallèle à *ac*, le centre de gravité sera sur *hf*, de même si l'on prend $bg = \dfrac{bh}{2}$ et que l'on tire *ge* parallèle à *bc*, le centre de gravité sera sur *ge* et par suite au point *k* : mais à cause de $bg = \dfrac{bh}{2}$ on a $hk = \dfrac{hf}{2}$,

et conséquemment la droite *bk* prolongée passe par le milieu de *ac* et comme $ah = \dfrac{ab}{3}$ pareillement $ak = \dfrac{ab}{3}$.

Donc *le centre de gravité d'un triangle se trouve sur la ligne menée du sommet au milieu de la base,*

Fig. 9.

au tiers à partir de la base, et aux deux tiers à partir
du sommet.

COROLLAIRE. Il est aisé de conclure de là que la ligne,
menée par l'un des sommets et par le centre de gravité, passe par le milieu du côté opposé, et de même
que les lignes menées des sommets aux milieux des
côtés opposés concourent en un même point.

COROLLAIRE. *La distance du centre de gravité d'un*
triangle à un plan est égale au tiers de la somme
des distances de ses trois sommets au même plan,
puisque ce point est le point d'application de la
résultante de trois forces égales appliquées à ces
trois sommets.

PROBLÈME III.

Déterminer le centre de gravité d'un trapèze.

Fig. 10. Soit *abcd* le trapèze dont il s'agit, d'abord il est
évident que le centre de gravité cherché doit se trouver sur la ligne *ef* menée par les milieux des bases
parallèles : je tire la diagonale *bc* qui partagera le
trapèze en deux triangles *abc*, *cbd*, dont les centres de gravité seront sur les lignes *ce*, *fb* aux points
k et *h*; si on prend

$$ek = \frac{ce}{3}, \quad fh = \frac{fb}{3}$$

le centre de gravité de leur système ou du trapèze
sera donc aussi sur la ligne *hk* et par suite au point
g, intersection de *ef* avec *hk*; il s'agit maintenant de
calculer *fg*. Des points *k* et *h* je tire *kl*, *hi* parallèles

aux bases, delà il résulte qu'on a $el = \dfrac{df}{3}$, $ft = \dfrac{ef}{3}$, donc

aussi $il = \dfrac{ef}{3}$; or, les triangles semblables klg, gih donnent

$$kl : hi :: lg : ig, \text{ ou } cd : ab :: lg : ig, \text{ et}$$

en posant, $ef = h$, $cd = b$, $ab = b'$, $b : b' :: lg : ig$,

$$\text{d'où } b + b' : b' :: \frac{h}{3} : ig \text{ ce qui donne}$$

$$ig = \frac{h}{3} \times \frac{b'}{b + b'},$$

et

$$gi + if = gf = \frac{h}{3} + \frac{h}{3} \times \frac{b'}{b + b'} = \frac{h}{3}\left(\frac{b + 2b'}{b + b'}\right).$$

Posant $b = b'$, le trapèze se change en parallélo-gramme, et

$$gf = \frac{h}{3}\left(\frac{3b'}{2b'}\right) = \frac{h}{2}.$$

La supposition $b' = o$ donne un triangle et $gf = \frac{h}{3}$;

enfin la, supposition $h = o$ qui réduit le trapèze à sa base donne $fg = o$ résultats connus.

La valeur à laquelle nous venons de parvenir est la distance du centre de gravité à la base inférieure cd. Il peut être utile de connaître sa distance à l'un des côtés non parallèles, par exemple à ac.

Supposons d'abord que le côté ac est perpendicu-laire aux bases. Divisons en trois parties égales aux points p, q la ligne mn qui joint les milieux des bases. Soit de plus h le centre de gravité. Tirons pr,   Fig. 11.

hs, qt, perpendiculaires à ac et mo, pl perpendiculaires sur ces dernières : on a, d'après cela,

$$hs = mc + po + hk \text{ (en posant } cd = b, \ ab = a\text{)}$$

$$hs = \frac{b}{2} + \frac{a-b}{2.3} + \frac{a-b}{2.3} \cdot \frac{a}{a+b} = \frac{b}{2} + \frac{a-b}{2.3}\left(1 + \frac{a}{a+b}\right)$$

$$= \frac{b}{2} + \frac{a-b}{2.3} \cdot \frac{b+2a}{a+b} = \frac{3b(a+b) + (a-b)(b+2a)}{2.3(a+b)}$$

$$= \frac{3b^2 + 3ab + ab + 2a^2 - b^2 - 2ab}{2.3(a+b)} = \frac{a^2 + b^2 + ab}{3(a+b)}.$$

Dans le cas où ac est obliqué à ab, la valeur de hs est la même, seulement alors a et b désignent les perpendiculaires abaissées des points d et b sur ac.

Autre démonstration.

Fig. 12.

Le trapèze $dbce$ est la différence de deux triangles abc, ade; soient a, h la base et la hauteur du grand, b, h', celles du petit. Si l'on appelle x la hauteur cherchée, et si l'on prend les momens par rapport à la base a, le moment du trapèze sera la différence des momens des deux triangles.

Or, le moment du trapèze est

$$x(a+b)\left(\frac{h-h'}{2}\right),$$

celui du grand triangle est

$$b \cdot \frac{h}{2} \cdot \frac{h}{3}.$$

et celui du petit

$$\frac{b'h'}{2}\left(h - h' + \frac{h'}{3}\right).$$

on a donc l'égalité

$$x(a+b)\left(\frac{h-h'}{2}\right)=b.\frac{h}{2}\cdot\frac{h}{3}-\frac{b'h'}{2}\left(h-h'+\frac{h'}{3}\right),$$

d'où l'on tire

$$x=\tfrac{1}{3}\frac{bh^2-3b'hh'+2b'h'^2}{(b+b')(h-h')};$$

mais la similitude des triangles donne

$$h:h'::a:b,$$

$$\text{ou } h-h':h::a-b:a,$$

$$h-h':h'::a-b:b,$$

c'est-à-dire

$$h=\frac{a(h-h')}{a-b}\quad h'=b\left(\frac{h-h'}{a-b}\right),$$

et par suite

$$x=\tfrac{1}{3}\frac{b^3\left(\frac{h-h'}{a-b}\right)^2-3bb'^2\left(\frac{h-h'}{a-b}\right)^2+2b'^3\left(\frac{h-h'}{a-b}\right)^2}{(b+b')\qquad(h-h')},$$

ou

$$x=\tfrac{1}{3}\frac{h-h'}{a+b}\cdot\frac{a^3-3ab^2+2b^3}{(a-b)^2}=\frac{h-h'}{3}\left(\frac{a+2b}{a+b}\right).$$

valeur cherchée, puisque $h-h'$ est la hauteur du trapèze.

Autre démonstration.

D'abord il est évident qu'il se trouve sur la ligne qui joint les milieux des bases parallèles ; je tire ao parallèle à bc, le trapèze est alors partagé en un parallélogramme et un triangle : soit x la hauteur inconnue du centre de gravité, par rapport à la base

Fig. 23.

                           (24)

dc, le moment par rapport à cette base est $\frac{h}{2}(a+b)x$, celui du parallélogramme est $\frac{bh^2}{2}$ et celui du triangle $\frac{h}{2}(a-b)\frac{h}{3}$,

ce qui donne $\frac{xh}{2}(a+b) = \frac{bh^2}{2} + \frac{h^2}{6}(a-b)$,

D'où $x = \frac{h}{3}\left(\frac{a+2b}{a+b}\right)$.

Dans le cas où les bases parallèles sont doubles, il vient $x = \frac{4h}{9}$;

résultat remarquable en ce qu'il est indépendant des bases.

Autre démonstration.

Fig. 14.   Comme nous l'avons déjà dit, le centre de gravité se trouve sur la ligne menée par les milieux des bases parallèles ; pour le voir, il suffit de considérer le trapèze comme la différence de deux triangles abc, aed. Nous allons faire usage de cette considération. Or, le point d'application de deux forces parallèles et de leur résultante se trouve sur la même droite ; de là nous tirons un autre moyen de déterminer x. En effet, soit $bcde = s''$, $abc = s$, $aed = s'$, h la hauteur du trapèze. $bc = a$, $ed = b$, h' la hauteur de abc, nous aurons

$$s' : s'' :: xh : kh,$$

(x, h, k étant les centres de gravité du trapèze du grand triangle et du petit),

$$\text{d'où } xh = \frac{s' \times kh}{s''},$$

$$\text{or, } s' = ed \cdot \frac{h'-h}{2} = b\left(\frac{h'-h}{2}\right),$$

$$\text{et } s'' = h\frac{(a+b)}{2}, \text{ ainsi } xh = \frac{kh\,(h'-h)\,b}{h\,(a+b)};$$

de plus

$$ah = \frac{2}{3}\,am, a\,k = \frac{2}{3}\,an,$$

d'où

$$kh = \frac{2}{3}\,mn, \text{ et } xh = \frac{2\,mn\,(h'-h)b}{3\,h\,(a+b)};$$

et par suite

$$xm = hm - hx = \frac{1}{3}\,am - \frac{2\,mn\,(h'-h)\,b}{3\,h\,(a+b)} =$$

$$= \frac{1}{3}\frac{(am - 2\,mn\,(h'-h)\,b)}{h\,(a+b)};$$

or les proportions

$$h' : h'-h :: a : b, \; am : am - mn :: a : b,$$

donnent

$$h' = \frac{ah}{a-b}, \; am = \frac{a \cdot mn}{a-b};$$

d'où

$$xm = \frac{1}{3}\left(\frac{a \cdot mn}{a-b} - \frac{2mn \cdot b^2}{(a-b)(a+b)}\right) = \frac{1}{3}\frac{mn}{a-b}\left(a - \frac{2b^2}{a+b}\right) =$$

$$= \frac{1}{3}\,mn\left(\frac{a^2 - 2b^2 + ab}{a^2 - b^2}\right) = \frac{1}{3}\,mn\left[\frac{a+2b}{a+b}\right].$$

Résultat conforme aux précédens.

Cette méthode est avantageuse, en ce sens que la détermination de la valeur de x est indépendante de la position des centres de gravité du triangle et du parallélogramme ; on pourrait tirer parti de cette remarque, et faire du trapèze le point de départ dans la détermination des centres de gravité. C'est là ce qu'a fait M. Biot dans son Traité de statique ; mais cette marche eût été moins naturelle, et par suite contraire à l'esprit de recherche.

Autre démonstration.

On peut appliquer au trapèze la deuxième et la troisième méthode que nous avons données pour le parallélogramme ; il n'y a qu'à changer le mot parallélogramme par celui de trapèze, et remplacer h par la valeur de x que nous avons trouvée.

PROBLÈME IV.

Déterminer le centre de gravité d'un quadrilatère quelconque.

Fig. 15.

Soit $abcd$ le quadrilatère dont il s'agit, je tire les deux diagonales ac, bd, je prends le milieu p de la plus grande ac, et je joins pm ; le point m étant tel que l'on ait $dm = bh$, bh étant la plus petite partie de db, je tire dp, bp, et je joins les centres de la gravité o, n des triangles abc, adc ; la ligne no coupera pm en un point x, qui sera le centre de gravité demandé. En effet, on a $nx : ox :: dm : mb :: bh : dh$; les triangles dch, bch donnent $bch : dch :: bh : dh$, de même $abh : adh :: bh : dh$, d'où $abc : acd :: bh : dh :: nx : ox$. Donc *le centre de gravité du quadrilatère est sur la droite pm en un point x.*

Tel que $px = \frac{2}{3} pm$; résultat remarquable pour mieux se rappeler la position du point x, on peut observer que $px = \frac{1}{3} pm = \frac{1}{2} xm$.

On peut voir autrement que le point x divise *on* dans le rapport des triangles abc, adc; car on a $pm : px :: dm : xn$, $pm : px :: bm : ox$, d'où $dm : bm :: xn : ox :: bh : dh :: ade : abc$.

Autre démonstration.

Soit $abcd$ le quadrilatère, m le milieu de la diagonale bd et $an = co$: représentant abd par une masse $3p$ et dbc par une masse $3q$, la masse $3p$ peut être remplacée par trois autres égales à p et appliquées aux trois sommets du triangle abc; de même on peut remplacer la masse $3q$ par trois masses égales à q et appliquées aux trois sommets de dbc; ainsi, aux deux sommets b, d on a deux masses $(p + a)$ qui se composent en une seule $2(p \times q)$ appliquée au point o, et aux deux sommets a, c deux masses p, q qui se composent en une autre $(p + q)$ appliquée au point n, donc *le centre de gravité du quadrilatère est sur la droite* mn *en un point* h *et tel que* mh $= \frac{1}{3}$ mn.

Fig. 16.

Remarque.

Nous venons de faire connaître un moyen simple de déterminer le centre de gravité d'un quadrilatère quelconque; mais cette détermination est entièrement géométrique, et il serait fort utile d'avoir une formule qui donnât la position de ce point par rapport à une ligne connue, par exemple, sa hauteur au-dessous de l'un des côtés; c'est ce dont nous allons nous occuper.

Fig. 17. Soit *abcd* le quadrilatère en question et soient tirées les diagonales *ac*, *bd*; appelons z la perpendiculaire abaissée sur un plan donné du centre de gravité g du quadrilatère. Si on prend les momens du quadrilatère et des triangles qui le composent, on aura, d'après une propriété déjà démontrée (a, b, c, d, étant les perpendiculaires abaissées des sommets du quadrilatère sur ce plan),

$$(abc + adc)\,z = \frac{a+b+c}{3}\,abc + \frac{a+c+d}{3}\,acd,$$

ou

$$z = \frac{\dfrac{a+b+c}{3}\,abc + \dfrac{a+c+d}{3}\,acd}{abc + adc} = \frac{\dfrac{a+b+c}{3}\,bo + \dfrac{a+c+d}{3}\,od}{bd}$$

car les deux triangles ayant même base, sont entre eux comme les hauteurs qui sont elles-mêmes proportionnelles aux deux parties de la diagonale. Voilà la valeur générale de z.

Supposons maintenant qu'on veuille avoir la distance du centre de gravité au côté *ad*, il suffit de poser $a = d = o$, il vient alors

$$z = \frac{\dfrac{b+c}{3}\,bo + \dfrac{c}{3}\,od}{bd} = \frac{c}{3} + \frac{b}{3}\frac{ob}{bd} = \frac{1}{3}\left(c + b\,\frac{ab}{bd}\right)(1).$$

Si l'on voulait avoir la distance à une diagonale *ac*, on poserait $a = c = o$ et l'on obtiendrait

$$z = \frac{\dfrac{b}{3}\,bo + \dfrac{d}{3}\,od}{bd} = \frac{bo + d\,.\,do}{3bd}\qquad(2).$$

Pour la diagonale bd,

$$b = a = o \quad \text{et} \quad z = \frac{\frac{a+a}{3} bo + \frac{a+c}{3} do}{bd} = \frac{a+c}{3} \quad (3).$$

Résultat très-remarquable.

On peut parvenir autrement à la valeur (1) de z : en effet, si on désigne par y la perpendiculaire abaissée du milieu de la diagonale ac sur ad et par x celle passant par le point m, tel que $dm = ho$, on a

$$z = \frac{1}{3}(y - x) \quad \text{or} \quad y = \frac{c}{2}, \quad x = b.\frac{bo}{bd} \quad \text{et} \quad y - x = \frac{c}{2} - b.\frac{bo}{bd},$$

$$\text{d'où} \quad z = \frac{c}{2} - \frac{1}{3}\left(\frac{c}{2} - b.\frac{bo}{bd}\right) = \frac{c}{3} + b.\frac{bo}{bd}$$

Résultat identique avec le précédent.

PROBLÈME V.

Déterminer le centre de gravité d'un polygone quelconque.

D'après ce qui précède, ce problème n'offre plus aucune difficulté; car, quel que soit le polygone, on pourra toujours le diviser en parties dont on sache déterminer les centres de gravité; cela posé, il suffira de remplacer chacune de ces figures par une force verticale égale ou proportionnelle à son poids et appliquée à son centre de gravité: le point d'application de la résultante de toutes ces forces sera le centre de gravité demandé. La manière la plus simple consiste à décomposer le polygone en triangles par des diagonales; ou bien on détermine la distance du centre de

gravité à deux droites et tirant ensuite deux lignes
parallèles aux 1res, et aux distances trouvées, leur intersection donne le centre de gravité demandé.

COROLLAIRE. Comme nous l'avons observé, il est
évident que le centre de gravité d'un polygone symétrique ou régulier d'un nombre pair de côtés est à son
centre ; d'après cela, la distance du centre de gravité
d'un polygone régulier d'un nombre pair de côtés à
un plan quelconque est égale à la moyenne distance
de tous ses sommets au même plan, car ce point est
le point d'application d'autant de forces égales qu'il
a de côtés et appliquées à ces sommets.

Fig. 18. La méthode que nous venons d'indiquer pour déterminer le centre de gravité d'un polygone, semble
peu expéditive au premier abord, puisqu'il faut
chercher les poids des triangles dans lesquels on l'a
décomposé ; mais on peut éviter cette recherche ; en
effet, soit d'abord un quadrilatère quelconque, *abcd*,
je peux le diviser en deux triangles *abd*, *bdc*; la ligne
pq qui joint leurs centres de gravité contiendra
celui du quadrilatère ; ce dernier peut encore être
partagé en deux autres triangles *abc*, *acd*, et son
centre de gravité se trouvera sur *rs* qui joint ceux des
deux triangles : le centre de gravité *k* cherché se
trouvera ainsi déterminé ; ce procédé est fort simple
et se réduit en pratique à joindre les quatre sommets
aux milieux *o*, *o'* de deux côtés opposés, et à prendre
le tiers de ces nouvelles lignes à partir de ces deux
points : les diagonales du quadrilatère formé par les
quatre points ainsi déterminés, donneront par leur
intersection le centre de gravité cherché.

Cela bien entendu, quel que soit le polygone

donné, on pourra en séparer un quadrilatère et déterminer son centre de gravité comme ci-dessus ; en
le joignant à celui du triangle suivant, on aura une
ligne qui contiendra le centre de gravité du pentagone ; mais rien n'empêche de diviser ce pentagone
d'une autre manière en un triangle et un quadrilatère, sur lesquels on pourra opérer de même, ce qui
nous donnera une autre ligne contenant le centre de
gravité du pentagone, qui par suite sera entièrement déterminé : en continuant ainsi, on parviendra
sans difficulté à la détermination du centre de gravité du polygone.

COROLLAIRE GÉNÉRAL.

1°. Le centre de gravité de la surface convexe d'une
pyramide se trouve sur la ligne menée du sommet,
au centre de gravité de la base et aux deux tiers à
partir du sommet ; ou, en d'autres termes, il n'est
autre chose que le centre de gravité de la section
faite parallèlement à la base au tiers de la hauteur.

2°. Il en est de même de la surface convexe d'un
cône quelconque.

3°. Le centre de gravité de la surface convexe d'un
cylindre ou d'un prisme se trouve au milieu de la
ligne qui joint les centres de gravité des deux bases,
ou au centre de gravité de la section parallèle aux
bases et faites au milieu de la hauteur. Donc aussi le
centre de gravité de la surface totale de ces deux
derniers corps est au même point, et le centre de
gravité de la surface d'un parallélipipède est à son
centre.

Maintenant nous sommes naturellement conduits
à la recherche des centres de gravité des volumes,
dans laquelle nous adopterons la même marche que
pour les surfaces ; mais auparavant nous allons démontrer un théorème qui nous sera fort utile, et qui
peut en outre être employé avec succès dans les recherches précédentes.

THÉORÈME.

Dans les polygones semblables, les centres de gravité
sont semblablement placés.

En effet, pour obtenir ces centres de gravité, on
divise les deux polygones en triangles par des diagonales partant de deux sommets homologues : or, dans
deux polygones semblables, les angles sont égaux,
et les côtés homologues proportionnels ; d'où il suit,
comme on l'a vu en géométrie, que ces diagonales
elles-mêmes sont proportionnelles ; que les triangles
ainsi formés sont semblables, et qu'enfin toutes les
lignes homologues sont proportionnelles, les lignes
menées des deux sommets communs de tous les triangles aux milieux de leurs bases, ou des côtés des polygones, sont des lignes homologues. Par conséquent,
les centres de gravité des triangles qui sont situés sur
ces lignes, à des distances des bases proportionnelles,
sont semblablement placés dans ces triangles et par
suite dans les polygones. Cela posé, les forces appliquées à ces centres de gravité étant proportionnelles
aux poids des triangles, elles sont elles-mêmes proportionnelles dans les triangles homologues, et de

plus les droites qui joignent les points d'application
de ces forces sont proportionnelles et semblablement placées dans les deux polygones. En outre,
pour obtenir les centres de gravité des deux polygones ou les résultantes de toutes ces forces, il suffit
de diviser les dernières droites en parties proportionnelles aux forces appliquées à leurs extrémités. Donc,
d'après ce que nous venons de dire, tous les points de
division qu'on obtiendra ainsi, et par suite les points
d'application des deux résultantes, ou lés deux centres de gravité seront semblablement placés dans les
polygones donnés.

Autre démonstration.

Considérons d'abord deux triangles semblables ;
puisque leurs centres de gravité se trouvent sur les
lignes menées des sommets aux milieux des bases,
au tiers à partir de chaque base, il est évident que
le théorème est vrai pour deux triangles semblables.
Il est facile de voir en outre, que si la proposition est
vraie pour deux polygones d'un certain nombre de
cotés, elle l'est aussi pour deux polygones d'un côté
de plus. Soient p, p' les centres de gravité semblablement placés de deux polygones semblables de n côtés ; a, a', les deux sommets des triangles dans les
polygones de $n+1$ côtés ; les deux côtés ac, $a'c'$
deviennent deux diagonales, et sont remplacés
par deux côtés ab, bc, $a'b'$, $b'c'$; soient $q'q'$ les
centres de gravité des deux nouveaux triangles, ils
sont semblablement placés dans ces triangles, et par
suite dans les deux polygones. Il en sera de même

Fig 19.

3

des deux droites pq, $p'q'$, qui seront en outre proportionnelles. Les forces appliquées aux extrémités de ces droites sont elles-mêmes proportionnelles ; donc les points d'application des deux résultantes, ou les centres de gravité des deux polygones de $n+1$ côtés, sont semblablement placés dans ces polygones ; or, la proposition a été démontrée pour deux polygones ; donc elle subsiste pour deux polygones quelconques semblables.

Corollaire. Dans les courbes semblables, les centres de gravité sont semblablement placés.

Comme nous l'avons observé, ce théorème nous sera utile dans ce qui va suivre, et de plus, en l'admettant de prime-abord, il simplifie beaucoup les recherches précédentes.

Fig. 20

Soit d'abord le parallélogramme $abcd$ et mn une ligne menée par les milieux de deux côtés opposés ; le parallélogramme est divisé en deux autres parallélogrammes égaux ; soit a l'aire de l'un d'eux, x la distance du centre de gravité de $abcd$ à la base bc, x' celle de $bmnc$ à la même ligne, et h la hauteur de $abcd$, en égalant les momens on aura

$$2\,ax = ax' + a\left(x' + \frac{h}{2}\right) = 2\,ax' + \frac{ah}{2},$$

Mais en admettant le théorème

$$x' = \frac{x}{2}, \text{ d'où } 2\,ax = ax + \frac{ah}{2} \text{ ou } x = \frac{h}{2}.$$

Fig. 21.

Soit maintenant le triangle abc par le point p, milieu de bc ; menons pm, pn parallèles aux deux autres côtés, le triangle est divisé en un parallélogramme, et deux triangles égaux et semblables au premier, soit a l'aire de l'un d'eux, x la distance du centre de gravité de abc à la base bc, x' celle des centres de gravité des petits triangles à la même ligne; en égalant les momens par rapport à cette ligne, on aura

$$4\,a\,x = ah + 2\,a\,x' \text{ ou } x = \frac{h}{4} + \frac{x'}{2} \; ;$$

mais d'après le théorème, $x' = \dfrac{x}{2}$, d'où, en substituant $x = \dfrac{h}{3},$

on pourrait multiplier les exemples.

Il existe encore un autre théorème plus curieux et non moins utile que le précédent, connu sous le nom de théorème de Guldin; nous allons le faire connaître.

THÉORÈME.

L'aire d'une surface de révolution est égale à la longueur de la génératrice, multipliée par la circonférence que décrit son centre de gravité autour de l'axe de révolution.

Considérons d'abord un polygone $abcde$ et tournant autour d'un axe xy situé dans son plan, chaque côté engendrera la surface convexe d'un tronc de cône ou d'un cône ou d'un cylindre, ayant pour mesure le côté générateur multiplié par la circonférence du cercle engendré par le milieu de ce côté ou par son centre de gravité. Ainsi, la surface entière en-

Fig. 22.

gendrée par le polygone sera égale à leur somme multipliée par la circonférence moyenne entre celles que
décrivent leurs centres de gravité. Mais cette circonférence moyenne a pour rayon la moyenne distance de
tous ces points à l'axe de révolution, c'est-à-dire la distance du centre de gravité du polygone au même axe.

Donc la *surface engendrée par un polygone en
tournant autour d'un axe est égale à son contour
multiplié par la circonférence que décrit son centre
de gravité.*

Passons maintenant au cas où la génératrice est une
courbe. Je dis que la surface engendrée est égale à
la génératrice multipliée par la circonférence décrite
par son centre de gravité, surface que je désigne par
S; en effet, supposons que la surface engendrée soit
égale à S + m par exemple; je peux circonscrire à la
courbe un polygone dont le contour diffère de celui
de la courbe de moins que de toute quantité donnée;
en désignant par S′ la surface engendrée par le polygone, S′ pourra différer de moins que toute quantité assignée de S, et par conséquent S′ pourrait être
plus petit que S + m, ce qui est absurde, puisque le
polygone est circonscrit à la courbe : en inscrivant
un polygone on prouverait de même que la surface
cherchée ne peut pas être égale à S — m.

Donc la *surface engendrée par une courbe en
tournant autour d'un axe est égale à son contour
multiplié par la circonférence que décrit son centre
de gravité.*

On pourrait croire que ce théorème n'a lieu que
dans le cas où chaque point de la génératrice décrit
un cercle entier autour de l'axe de rotation.

allons prouver le contraire; il suffit de considérer le cas où la génératrice est un polygone; or, quel que soit le chemin parcouru par un point de la génératrice, chaque côté décrit toujours une portion de tronc de cône terminée à deux génératrices, et qui a pour mesure le côté générateur multiplié par le chemin parcouru par son milieu ou par son centre de gravité. D'après cela, les conclusions précédentes subsistent dans toute leur force.

Donc la *surface engendrée par une courbe ou un polygone en tournant autour d'un axe est égale à la génératrice multipliée par le chemin parcouru par son centre de gravité.*

On verrait d'une manière semblable que, si plusieurs courbes situées dans ce même plan tournent autour d'un axe situé dans ce plan, la somme des surfaces engendrées est égale à la somme des génératrices, multipliée par le chemin parcouru par le centre de gravité de leur système.

Appliquons maintenant ce théorème à la recherche des centres de gravité.

Supposons d'abord que la courbe génératrice soit l'arc de cercle AB ; soit la corde AB $= c$ et l'arc AB $= l$, $oB = r$, il est évident que le centre de gravité de l'arc AB est sur le rayon os perpendiculaire à AB, il suffit de déterminer sa hauteur x au-dessus du centre o. Or, la surface engendrée a pour mesure $2\pi r \times c$, on a donc

$$2\pi r \cdot c = 2\pi x \cdot l, \text{ d'où } x = \frac{cr}{l}.$$

Donc le *centre de gravité d'un arc de cercle est sur le rayon mené à son milieu, à une distance du centre,*

Fig. 23.

quatrième proportionnelle à l'arc, à la corde et au rayon.

Autre application.

Fig. 24. On sait que le contour d'une branche de cycloïde est égale à $8r$, r étant le rayon du cercle générateur, et que de plus la surface engendrée par cette courbe en tournant autour de son axe est $\frac{64}{3}\,\pi r^2$, nous aurons donc, d'après le principe ci-dessus,

$$\frac{64}{3}\,\pi r^3 = 2\pi x \,.\, 8r \ \text{ ou } \ x = \frac{4}{3}\,r.$$

Donc le centre de gravité d'une branche de cycloïde est sur la ligne CD qui la divise en deux parties égales à une distance du développement du cercle générateur, égale au $\frac{1}{3}$ du rayon de ce cercle.

On pourrait multiplier les exemples; mais ce qu'il est utile de remarquer, c'est que le théorème de Guldin peut, dans une infinité de cas, conduire à la mesure des surfaces; car, connaissant la longueur de la génératrice et la position de son centre de gravité, on peut en déduire la surface engendrée par celle-ci, ou bien déterminer la longueur de la génératrice, connaissant la position de son centre de gravité et la surface engendrée; en un mot, il entre trois élémens dans l'égalité qui exprime le théorème, et la connaissance de deux d'entre eux conduit à la détermination du troisième; nous ne nous y arrêterons pas davantage; il suffit de ce rapprochement pour montrer la liaison de la géométrie et de la statique.

On peut aussi appliquer la théorie des centres de gravité à la cubature des solides de révolution, et réciproquement.

THÉORÈME.

Le volume d'un solide de révolution est égal à la surface génératrice multipliée par le chemin parcouru par son centre de gravité.

Considérons d'abord un polygone *abcde* tournant autour d'un axe situé dans son plan. Si des angles de ce polygone on abaisse des perpendiculaires sur l'axe, la surface génératrice sera décomposée en triangles, trapèzes ou rectangles; chacune de ces surfaces partielles engendrera par sa révolution un cône ou un tronc de cône ou un cylindre. Examinons le cas général.

Fig. 22.

1°. Le cône décrit par *nab* a pour mesure

$$\frac{1}{3} \pi \overline{bn}^2 \,.\, an = 2\pi \, \frac{bm}{3} \times \frac{an \,.\, bn}{2}.$$

2°. Si l'on pose $cp = a$, $bn = b$, si l'on appelle x la perpendiculaire abaissée du centre de gravité du trapèze *bcpn* sur *np*, on aura

$$x = \frac{1}{3} \frac{a^2 + b^2 + ab}{a + b} \,;$$

ainsi le produit de la surface du trapèze par la circonférence décrite par son centre de gravité est

$$2\pi \,.\, \frac{1}{3} \frac{a^2 + b^2 + ab}{a + b} \,.\, \frac{a + b}{2} \,.\, h,$$

(h étant la hauteur), ou bien

$$\frac{h}{3}\,\pi\,(a^2+b^2+ab),$$

qui n'est autre chose que le volume du tronc de cône décrit par *bcpn*.

3°. Soit h le point milieu de *oi*, le volume du cylindre décrit par *cd* a pour mesure

$$\pi\,io^2 \times cd = 2\,\pi\,oh \times 2oh = 2\,\pi\,oh.\,cd.\,dq.$$

Ainsi chaque volume partiel est égal à la surface correspondante multipliée par la circonférence décrite par son centre de gravité.

Donc aussi le *volume total engendré par la surface comprise entre le polygone, et l'axe est égal à la somme des surfaces partielles ou à la surface totale multipliée par la circonférence moyenne, entre toutes celles que décrivent les centres de gravité des surfaces partielles, c'est-à-dire par la circonférence décrite par le centre de gravité de la surface génératrice.*

Il est facile de passer de là au cas où le polygone est une courbe : il suffit d'avoir recours au raisonnement que nous avons employé en parlant des surfaces de révolution.

En outre, si chaque point de la génératrice ne décrivait point une circonférence exacte autour de l'axe de rotation, chaque surface partielle engendrerait alors une portion de cône ou de tronc de cône ou de cylindre terminée à deux génératrices, qui aurait encore pour mesure la surface génératrice multipliée par le chemin parcouru par son centre de gravité, et par conséquent le théorème énoncé existe dans toute sa généralité.

Voyons maintenant de quelle utilité peut être ce théorème dans la détermination des centres de gravité. *Fig. 25.*

Le triangle *oab* tournant autour de *ob* engendrera un volume égal à $\dfrac{h}{3}$ multiplié par la surface décrite par *ab* ou à $\dfrac{h}{3}\,\pi\,yb$, on a donc

$$\frac{h}{3}\,\pi y b = 2\pi x \times \frac{bh}{2}\,,$$

$$\text{d'où } x = \frac{y}{3}.$$

Résultat connu.

Si le triangle était dans la position (2), on aurait pour le volume engendré $\dfrac{h}{3}$ multiplié par la surface décrite par la basse qui est une surface de tronc de cône égale à $\dfrac{b}{2}$, $(b = ab)$ multiplié par la demi-somme des circonférences des bases, en sorte qu'on a *Fig. 26.*

$$\frac{bh}{3}\,\pi\,(y + y') = \pi\,x\,b\,h,\ \ \text{d'où } x = \frac{y + y'}{3}.$$

Résultat auquel nous sommes parvenus autrement.

De même *a*, *b* étant les axes d'une demi-ellipse, l'ellipsoïde produit par sa révolution autour de l'axe *b* en $\dfrac{4}{3}\,\pi\,ab^2$, et la surface de la demi-ellipse génératrice étant $\dfrac{\pi ab}{2}$, on aura

(42)

$$\frac{4}{3}\,\pi\,a\,b^2 = \pi\,a\,b\times\frac{1}{2}\pi\,x,\ \text{d'où}\ x = \frac{4}{3}\,\frac{b}{\pi}.$$

Donc *le centre de gravité d'une demi-ellipse se trouve sur son petit axe à une distance du centre à* peu près égale aux $\dfrac{4}{9}$ *de ce dernier.*

r étant le rayon du cercle générateur, le volume engendré par une cycloïde est $6\,\pi^2\,r^3$, et sa surface $3\,\pi\,r^2$, on a donc

$$5\,\pi^2\,r^3 = 3\,\pi\,r^2.\,2\,\pi\,x,$$

d'où l'on tire $x = \dfrac{5}{6}\,r$ pour la position du centre de gravité de l'axe.

Le volume engendré par le secteur circulaire *aob* est égal à la surface de la zone multipliée par le **tiers du** rayon, c'est-à-dire à $\dfrac{r}{3}\times 2\,\pi\,rc$, ou $\dfrac{2}{3}\,\pi\,r^2\,c$, de plus la surface du secteur circulaire est égale à arc. *ab*

$$\text{arc. } a\,b\times\frac{r}{2}\ \text{ou}\ \frac{lr}{2},$$

on a donc

$$\frac{2}{3}\,\pi\,r^2\,c = l\,\frac{r}{2}.\,2\,\pi\,x,\ \text{d'où}\ x = \frac{2}{3}\,\frac{rc}{l},$$

ce qui montre *que le centre de gravité d'un secteur circulaire est sur le rayon qui le divise en deux parties égales à une distance du centre égale aux deux tiers de celle du centre de gravité de l'arc correspondant.*

Nous terminerons en observant que, considérant une surface, son centre de gravité et le volume engendré par la révolution de cette surface, on pourra, à l'aide du théorème précédent, déterminer l'un de ces trois élémens, connaissant les deux autres.

CENTRES DE GRAVITÉ

DES VOLUMES.

PROBLÈME VI.

Déterminer le centre de gravité d'un parallélipipède.

Soit *nb* un prisme quelconque, si on le divise en deux parties égales par le plan *hgfe* mené parallèlement aux bases et à égale distance de chacune d'elles, et si l'on conçoit que l'on superpose les deux moitiés en plaçant la base *knml* sur *hgfe*, les centres de gravité des deux parties coïncideront ; ainsi, ces centres de gravité sont à égale distance des bases inférieures des deux prismes partiels *nf* et *hb*. Ainsi, la distance verticale entre ces centres de gravité est égale à la moitié de la hauteur du prisme ; or, les deux prismes partiels étant égaux, le centre de gravité du prisme *nb* est à égale distance verticale des centres de gravité *z,z′* des deux petits prismes, et est distant de chacun d'eux du quart de la hauteur du prisme *nb ;* je dis, d'après cela, que ce centre de gravité est sur le plan *hf*, car s'il était à une distance *d* au-dessus de ce plan, le point *z* serait éloigné du même plan de *d*, plus le quart de la hauteur du prisme *nb*, et comme le plan, qui divise ce prisme *hb* en deux parties égales, est éloigné du plan *hf* du quart de la hauteur de *nb*, il s'ensuit que le centre de gravité *z* est à une distance *d* du plan mené à égale distance de *cb* et *hf*. Conséquemment, si le centre de gravité d'un prisme était éloigné de *d* du plan mené à égale distance de ses bases, cela aurait aussi lieu pour un prisme qui ne serait que la moitié du premier ; d'où il suit qu'en opérant la même division sur les prismes partiels jusqu'à ce qu'on fût parvenu à un prisme dont la hauteur serait moindre que *d*, on aurait un prisme qui ne contiendrait pas son centre de gravité : résultat absurde ; on ferait voir de la même manière que le centre de gravité ne peut être au-dessous de *hf*.

Donc le centre de gravité d'un prisme est sur le plan mené à égale distance des bases ; or, dans un parallélipipède, on peut prendre pour bases deux faces quelconques opposées ; ainsi, *le centre de gravité d'un parallélipipède se trouve sur le plan mené à égale distance de deux quelconques de ses faces, il est donc à la rencontre de trois de ces plans, ou à l'intersection de deux diagonales, ou au milieu de l'une d'elles, ou enfin à son centre.*

Autre démonstration.

Représentons le prisme par *a* ; soit de plus x' la distance du centre de gravité du prisme inférieur à la base du prisme total et *h* la hauteur du prisme ; supposons que le centre de gravité se trouve à une distance *m* du plan mené à égale distance des bases : on aura, d'après la théorie des momens,

$$a\left(\frac{h}{2}+m\right) = \frac{a}{2}\cdot x' + \frac{a}{2}\left(x'+\frac{h}{2}\right),$$

d'où
$$x' = \frac{h}{2} + m,$$

ce qui montre que la même chose aurait lieu pour un prisme sous-double du premier, et qu'on parviendrait ainsi à un prisme qui ne contiendrait pas son centre de gravité, ce qui est absurde.

Donc le centre de gravité d'un prisme est sur le plan mené à égale distance des bases.

Autre démonstration.

Je divise le prisme en prismes égaux par des plans parallèles à la base; soit a la solidité de l'un d'eux, en raisonnant comme pour le parallélogramme et faisant usage de la théorie des momens, on parviendra à l'égalité

$$nax = a\left(\frac{h}{2} \pm s\right) + a\left(\frac{3h}{2} \pm s\right) + \ldots + a\left(\frac{2n-1}{2}h \pm s\right) =$$
$$= a\left(\frac{h}{2} + \frac{3h}{2} + \ldots + \frac{2n-1}{2}h \pm ns\right),$$

d'où $nx = \frac{h}{2}(1 + 3 + 5 + \ldots + n - 1) \pm ns = \frac{h}{2}.n^2 \pm ns,$

d'où
$$x = \frac{hn}{2} \pm s,$$

x étant la distance du centre de gravité du prisme à sa base, et s la quantité dont on suppose que ce centre de gravité est distant du plan mené à égale distance des bases, on tire de là les mêmes conclusions que ci-dessus.

Donc le centre de gravité d'un prisme est sur le plan mené à égale distance des bases.

Autre démonstration.

De même qu'on a démontré que dans un parallélo-gramme le centre de gravité est sur chaque diagonale, on fera voir de la même manière que le centre de gravité d'un parallélipipède est sur chaque plan diogonal ou à son centre. Cela n'offre aucune difficulté.

Conséquence.

La distance du centre de gravité d'un parallélipipède à un plan est égale au huitième de la somme des distances de ses huit sommets à ce plan, puisque ce point est le point d'application de la résultante de huit masses ou forces égales appliquées à ces sommets.

PROBLÈME VII.

Déterminer le centre de gravité d'un prisme trian-gulaire.

Fig. 2.

Soit le prisme triangulaire dc; si l'on mène deux plans parallèles à la face $efcb$, ils intercepteront sur les bases des trapèzes égaux $mnpq$, $gstr$, et si l'on mène ay, Dz des sommets a et b aux milieux des bases bc, ef, et que par les points m, n on tire des lignes nx, mo parallèles à ay, et par les points g, s des lignes parallèles à dz, chaque trapèze sera partagé en un parallélogramme et deux triangles. Le prisme qui a pour base les deux trapèzes, pourra être considéré comme composé d'un parallélipipède et de deux prismes triangulaires, et comme ces solides ont même hauteur, le parallélipipède est à la somme des deux prismes comme le parallélogramme est à la somme des deux triangles, ou comme la base du parallélogramme c'est-à-dire la base supérieure du trapèze est à la demi-différence des deux bases du trapèze : or, cette différence peut être prise aussi petite que l'on veut ; il en résulte que le rapport entre le volume du parallélipipède et ceux des deux prismes peut être plus grand que toute quantité assignée : ce qui fait que le centre de gravité du prisme, qui a pour base les deux trapèzes, est sur le plan $aydz$ qui contient celui du parallélipipède.

Mais rien n'empêche de considérer le prisme donné comme partagé par des plans parallèles à $efcb$ en prismes, qui auront chacun leur centre de gravité sur $yadz$ et en un prisme triangulaire aABDCd, qui peut être aussi petit que l'on veut ; donc ce plan contiendra le centre de gravité du prisme donné : ainsi ce centre de gravité est sur le plan mené par une quelconque de ses arêtes, et par les milieux des côtés des bases opposées à cette arête ; il se trouvera donc à l'intersection de deux de ces plans, qui est la ligne qui joint les centres de gravité des bases : de plus, il doit se trouver sur le plan mené à égale distance des bases, il se trouvera donc à l'intersection de ce plan avec l'intersection des deux prismes de division.

Donc le *centre de gravité d'un prisme triangulaire se trouve au milieu de la ligne qui joint les centres de gravité des bases.*

Corollaire. Le centre de gravité d'un prisme triangulaire est le même que celui de la section faite à égale

distance des bases ; d'abord cette section doit contenir le centre de gravité du prisme qui doit aussi se
trouver sur la ligne qui joint les centres de gravité
des bases ; or, cette ligne passe au centre de gravité de
la section, puisque cette section est égale aux bases.

Donc *le centre de gravité d'une prisme triangulaire est le même que celui de la section faite à
égale distance des bases.*

Conséquence.

La distance du centre de gravité d'un prisme
triangulaire à un plan est égale au sixième de la
somme des distances de ses six sommets au même
plan, car ce point est le point d'application de la
résultante de six forces égales appliquées à ces six
sommets.

PROBLÈME VIII.

*Déterminer le centre de gravité d'un prisme quel-
conque.*

Concevons ce prisme divisé en prismes triangulaires ayant pour bases les triangles dans lesquels on
aura décomposé les bases. Le centre de gravité de
chacun d'eux sera le même que celui de la section
triangulaire faite à égale distance des bases, ainsi le
centre de gravité de leur système ou du prisme
total sera le même que celui de la section polygonale correspondante ; or la ligne menée au centre de
gravité de la base passe par celui de la section.

Donc , *le centre de gravité d'un prisme quelconque*

est au milieu de la ligne qui joint les centres de gravité des bases.

COROLLAIRE. Si aux bases d'un cylindre on inscrit un polygone régulier, le prisme qui aura pour bases ce polygone pourra différer du cylindre de moins que toute quantité donnée : ainsi le centre de gravité du cylindre se trouvera sur la ligne qui joint les centres de gravité des bases du prisme, et sur la section à égale distance des bases : or les bases et la section du prisme et celle du cylindre ont leurs centres de gravité aux mêmes points.

Donc aussi le centre de gravité d'un cylindre est au milieu de la ligne qui joint les centres de gravité des bases.

Dans le cas du cylindre droit, on peut parvenir autrement à ce résultat, car le centre de gravité se trouve toujours sur la section faite à égale distance des bases, et de plus il doit se trouver sur l'axe qui est l'intersection de deux plans menés par cet axe, et qui divisent le cylindre en deux parties égales.

Fig. 16.

Conséquence.

La distance du centre de gravité d'un prisme quelconque à un plan est égale à la somme des distances de tous ces sommets à ce même plan divisée par leur nombre : car ce point est le point d'application de la résultante des forces égales appliquées à ces sommets.

4

LEMME.

La ligne menée du sommet d'une pyramide au centre de gravité de la base passe par les centres de gravité de toutes les sections parallèles à cette base.

En effet, une ligne menée du sommet à un point quelconque de la base, passe par des points homologues dans les sections parallèles : or, les sections sont semblables entre elles et à la base, et de plus, dans les polygones semblables, les centres de gravité sont semblablement placés ; ainsi, les centres de gravité des sections sont des points homologues.

Donc, etc.

PROBLÈME IX.

Déterminer le centre de gravité d'une pyramide triangulaire.

Fig. 3.

Soit *sbac* la pyramide en question, on peut mener deux plans parallèles à la base qui intercepteront un tronc de pyramide *kip*, *doq*, plus grand que le prisme qui a pour base la base supérieure, et plus petit que celui qui a pour base la base inférieure; or, ces deux prismes ont même hauteur et sont entre eux comme leurs bases; comme d'ailleurs ces dernières peuvent être prises assez près l'une de l'autre pour que leur différence soit moindre que toute quantité donnée, il en résulte que le rapport entre le prisme qui a pour base la base supérieure, et la

différence des deux prismes peut être plus grande
que toute quantité assignée, et *à fortiori* il en est de
même du rapport entre le prisme et sa différence
avec le tronc ; or, le centre de gravité de ce prisme
est sur le plan mené par l'arête Sa et le milieu du
côté bc, ainsi celui du tronc se trouve aussi sur ce
plan ; la même chose aura lieu pour tous les troncs
en lesquels on peut concevoir que la pyramide est divisée par des plans parallèles à la base ; d'où il résulte que le centre de gravité de la pyramide est aussi
sur ce plan, puisque celle-ci se compose du système
de troncs et d'une pyramide au sommet qui peut être
rendue aussi petite que l'on veut ; il est aussi par la
même raison sur le plan mené par l'arête sc et par
le milieu y de ab ; il est donc sur l'intersection de
ces deux plans, c'est-à-dire sur la ligne menée du
sommet s au centre de gravité h de la base ; il se
trouve de même sur la ligne cg, menée du sommet
s au centre de gravité g de la face sab, ainsi il
est en x ; or, en joignant gh, qui est parallèle à sc,
on a

$$yh : yc :: gh : sc :: xh : xs,$$

mais
$$yh = \frac{1}{2}\, hc = \frac{1}{3}\, yc,$$

donc
$$xh = \frac{1}{3}\, sx = \frac{1}{4}\, sh.$$

Donc le centre de gravité d'une pyramide trian-
gulaire est sur la ligne menée du sommet au centre
de gravité de la base, au quart à partir de la base et
aux trois quarts à partir du sommet.

Autre démonstration.

On peut se servir de l'absurde pour déterminer le centre de gravité de la pyramide.

En effet, *abcd* étant la pyramide proposée, si l'on mène par le milieu k de *ab* un plan *klm* parallèle à la base, et par le milieu l de *ac* le plan *lfe* parallèle à *abd*, la pyramide sera décomposée en deux prismes équivalens ayant pour base l'un *klm*, l'autre *lfe*, et les deux pyramides *aklm*, *lfce* égales entre elles et semblables à la première. Soit a le volume de l'une d'elles, h la hauteur de la pyramide entière, x la distance du centre de gravité de la pyramide *lfce* à la base *bcd*. Cela posé, je dis que le centre de gravité de la pyramide est distant de chaque face, par exemple de *bcd* du quart de la hauteur correspondante : car supposons qu'il en soit distant d'une quantité $\frac{h}{4}+m$; le moment de la pyramide sera $8\,a\left(\frac{h}{4}+m\right)$, celui du prisme dont la base est *edh* sera

$$3\,a\cdot\frac{1}{2}\cdot\frac{h}{2}=\frac{3ah}{4},$$

celui de l'autre

$$3\,a\cdot\frac{1}{3}\frac{h}{2}=\frac{3ah}{6},$$

et celui de la pyramide *aklm* sera

$$a\left(x'+\frac{h}{2}\right),$$

on aura donc, en égalant les momens,

(53)

$$8a\left(\frac{h}{4}+m\right) = \frac{3a\,h}{4} + \frac{3ah}{6} + \frac{ah}{2} + 2a\,x',$$

ou
$$\frac{h}{4}+m = \frac{7h}{32} + \frac{x'}{4},$$

d'où
$$x' = \frac{1}{4}\frac{h}{2} + 4m\,;$$

ce qui montre qu'en décomposant de même la pyramide *lfce*, et ainsi de suite, on parviendrait à une pyramide qui ne contiendrait pas son centre de gravité, ce qui est absurde.

Ainsi le centre de gravité est distant de chaque face du quart de la hauteur correspondante. Cela posé, si l'on prend $bm = \dfrac{ba}{4}$, et que l'on mène par le point m un plan parallèle à bcd, ce plan déterminera la section mn, qui contiendra le centre de gravité de la pyramide; mais si l'on prend $ae = \dfrac{ba}{4}$, la section efg, déterminée par le plan mené par le point e parallèlement à acd, contiendra aussi le centre de gravité, qui par suite est sur kh; or, à cause de $ae = \dfrac{ma}{3}$, il vient $ko = \dfrac{mo}{3}$ et $kh = \dfrac{on}{3}$, ainsi hk est éloigné de on du tiers de la distance de cette dernière au point m; le centre de gravité doit aussi se trouver sur un plan parallèle à la face abd, et éloigné de cette face du quart de la hauteur; on peut donc conclure qu'il est situé sur une autre droite tracée sur mon, parallèle à mn, et éloignée de mn d'une quantité égale au tiers de la distance du point o à mn; le centre de gravité est donc à l'in-

Fig. 5.

tersection de cette ligne avec *kh*, c'est-à-dire au centre de gravité de *mon*.

Donc le centre de gravité d'une pyramide triangulaire est sur la ligne menée du sommet au centre de gravité de la base, au quart à partir de la base, et aux trois quarts à partir du sommet.

Remarque.

Fig. 6.

On peut donner une autre expression à la détermination du centre de gravité. Après avoir marqué le centre de gravité *o* de la face qui sert de base, je joins *so*; par le milieu *x* de *bc*, et par le centre de gravité *z* de la pyramide je tire *xzn* et la ligne *pz* parallèle à *as*; on a alors $po = \dfrac{ao}{4}$; car on a

$$po : ao :: oz : os \text{ et } oz = \frac{os}{4},$$

de même

$$oz : os :: pz : as, \text{ d'où } pz = \frac{as}{4};$$

or, $px = po + ox = \dfrac{ao}{4} + \dfrac{ax}{3} = \dfrac{ax}{3} + \dfrac{2}{3}\,\dfrac{ax}{4} = \dfrac{1}{2}\,ax$;

Mais les deux triangles *axn*, *pxz* donnent

$$ax : px :: nx : zx,$$

d'où $\quad zx = \dfrac{nx}{2}$, or $zx : nx :: an : pz$,

et par suite

$$an = 2pz = \frac{as}{2}.$$

Donc le centre de gravité d'une pyramide triangulaire est au milieu de la ligne qui joint les milieux de deux arêtes opposées.

(55)

COROLLAIRE PREMIER.

Il résulte de ce qui précède que les lignes menées des sommets aux centres de gravité des faces opposées, les lignes qui joignent les milieux des arêtes opposées se coupent en un même point, et qu'une ligne menée du sommet au centre de gravité passe par celui de la base.

COROLLAIRE DEUXIÈME.

Il résulte de ce que nous avons dit dans notre deuxième démonstration, que le centre de gravité d'une pyramide triangulaire est le même que celui de la section parallèle à la base, et faite au quart de la hauteur. On peut le voir directement ; car si, sur la ligne menée du sommet au centre de gravité de la base on marque celui de la pyramide, et que par ce point on mène un plan parallèle à la base, la section ainsi déterminée sera au quart à partir de la base, et elle sera coupée en son centre de gravité, et au quart à partir de la base par la ligne menée du sommet au centre de gravité de la base ; ainsi ce point de rencontre est le centre de gravité de la pyramide.

Donc, etc.

Conséquence.

La distance du centre de gravité d'une pyramide triangulaire à un plan est égale au quart de la somme des distances de ses quatre sommets au même plan.

Car ce point est le point d'application de la résultante des quatre masses ou forces égales appliquées à ces sommets : il suffit pour le voir de combiner l'une d'entre elles avec la résultante des trois autres.

PROBLÈME X.

Déterminer le centre de gravité d'une pyramide quadrangulaire.

Fig. 7. Soit *sbcda* la pyramide dont il s'agit, tirons *bd*, *ae*. Soit de plus *f* le centre de gravité de la pyramide triangulaire *sbcd* et $ag = ce$, et joignons *fg*, *fc*, *fa* ; les deux pyramides triangulaires *sbcd*, *sadb* ayant même base, sont entre elles comme leurs hauteurs, ou comme *ce* et *ae*, ou comme *ag* et *cg*, ou bien encore comme *kh* et *lk*, en supposant $fl = \frac{1}{4} cf$, $fh = \frac{1}{4} af$, car alors *lh* est parallèle à *ac* : donc les points *l* et *h* sont les centres de gravité respectifs de ces deux pyramides, et *k* celui de la pyramide donnée. Donc ce centre de gravité se trouve sur la ligne *fg* en un point *k*, tel que $kf = \frac{1}{4} fg$, résultat entièrement analogue à celui obtenu pour le quadrilatère.

Autre démonstration.

Représentons les pyramides *sbcd*, *sbda*, par les masses $4p$, $4q$, qui peuvent chacune être remplacées par quatre autres égales à *p* ou à *q* appliquées aux sommets ; il résulte qu'aux sommets *s,b,d* on a des masses $(p+q)$ qui se composent en une seule $3(p+q)$ appliquée au centre de gravité *f* du

triangle *sbd* et aux sommets a , c, on a deux masses
p , q , qui se composent en une autre $(p + q)$ appliquée en g; donc le point d'application de la résultante totale ou le centre de gravité cherché se trouve
sur *fg* au quart de cette ligne à partir du point *f*, *ce*
qui est exact.

Comme nous l'avons observé pour le quadrilatère ,
on voit que ce qui précède fixe la position du centre
de gravité d'une pyramide quadrangulaire , mais que
cette détermination est purement géométrique. Nous
allons maintenant chercher une expression algébrique
de la position de ce point par rapport à un plan
donné.

Soit *abcde* la pyramide. Si on la décompose en
deux autres, ayant pour bases les triangles *bcd*,
bed, en appelant a , b , c , d , e les perpendiculaires
abaissées des sommets sur le plan donné, et se rap-
pelant la propriété du centre de gravité de la pyramide triangulaire par rapport à ses quatre sommets,
on aura pour la distance z du centre de gravité au plan
donné

Fig. 8.

$$= \frac{\dfrac{a+b+c+d}{4}\,abdc\; \dfrac{a+b+d+e}{4}\,abed}{abdc+abed} =$$

$$= \frac{\dfrac{a+b+c+d}{4}\cdot bcd+\dfrac{a+b+d+e}{4}\cdot bed}{bcd+bed} =$$

$$= \frac{\dfrac{a+b+c+d}{4}\cdot co+\dfrac{a+b+d+e}{4}\cdot eo}{co+oe},$$

telle est la distance du centre de gravité à un plan
quelconque.

Si l'on veut avoir la distance à un plan passant par une arête, il suffit d'égaler à zéro les perpendiculaires abaissées de ses extrémités. Par exemple, pour avoir la distance à un plan passant par cd, on pose $c = d = o$, alors

$$z = \frac{\dfrac{a+b}{4} \cdot co + \dfrac{a+b+e}{4} \cdot oe}{co + oe} = \frac{a+b}{4} + \frac{e}{4} \cdot \frac{oe}{ce},$$

formule assez simple : si le plan se confondait avec l'une des faces, par exemple, abe, alors

$$z = \frac{\dfrac{c+d}{4} \cdot co + \dfrac{d}{4} oe}{ce} = \frac{d}{4} + \frac{c}{4} \frac{oe}{ce} \qquad (2).$$

Formule entièrement analogue à la formule (1) relative au quadrilatère :

Si le plan passait par la diagonale bd, alors $b = d = o$ et

$$z = \frac{\dfrac{a+c}{4} co + \dfrac{a+e}{4} \cdot oe}{ce} = \frac{a}{4} + c \cdot \frac{co}{ce} + e \cdot \frac{oe}{ce}.$$

Expression simple et facile à retenir : dans le cas où le plan passe en outre par le sommet,

$$a = o \text{ et } z = c \cdot \frac{co}{ce} + e \cdot \frac{oe}{ce} ;$$

si on remplace la diagonale bd par ec, il vient dans le premier cas

$$z = \frac{\dfrac{a+b+d}{4} co + \dfrac{a+b+d}{4} \cdot oe}{ce} = \frac{a+b+d}{4},$$

et dans le deuxième $z = \dfrac{b+d}{4}$,

valeurs remarquables et analogues à celles obtenues pour le quadrilatère.

PROBLÈME XI.

Déterminer le centre de gravité d'une pyramide polygonale.

Si l'on divise la base en triangles par des diagonales, on décomposera la pyramide en autant de pyramides triangulaires qu'il y aura de triangles dans la base : chacune de ces pyramides ayant son centre de gravité à celui de la section triangulaire faite au quart de la base : le centre de gravité de leur système ou de la pyramide donnée se trouvera à celui du polygone formé par la réunion des sections triangulaires ; or, la ligne menée du sommet au centre de la base passe par le centre de gravité de la section polygonale dont il s'agit, et elle y est coupée au quart à partir de la base et aux trois quarts à partir du sommet.

Donc le centre de gravité d'une pyramide polygonale est sur la ligne menée du sommet au centre de gravité de la base, au quart à partir de la base et aux trois quarts à partir du sommet.

Corollaire. Si on inscrit un polygone régulier à la base d'un cône, la pyramide qui aura ce polygone pour base pourra différer du cône de moins que de toute quantité assignée : ainsi, le centre de gravité de ce dernier se trouvera sur la ligne menée du som-

Fig. 17.

met au centre de gravité de la base polygone, et sur la section polygonale faite au quart à partir de la base : or, le centre de gravité de la base de la pyramide est le même que celui de la base du cône, et il en est de même pour les sections correspondantes.

Donc aussi le centre de gravité du cône est le même que celui de la section faite au quart de la base, ou se trouve sur la ligne menée du sommet au centre de gravité de la base au quart à partir de la base.

Dans le cas du cône droit on peut le voir directement, il suffit de se rappeler ce que nous avons dit du cylindre droit.

PROBLÈME XII.

Déterminer le centre de gravité d'un tronc de prisme triangulaire.

Fig. 9.

Soit *abcdef* le tronc dont il s'agit, nommons *a*, *b*, *c* les perpendiculaires abaissées des sommets de la base supérieure *abc* sur la base inférieure *def*. Si l'on tire les lignes *cd*, *cf*, on pourra décomposer le tronc en une pyramide quadrangulaire *bacdf* et une pyramide triangulaire *cdef*; *m* étant le centre de gravité de la première et *p* celui de la seconde, le centre de gravité cherché se trouvera sur la ligne *mp* en un certain point *n*. Posons *def* = B, et nommons *x*, *y*, *z* les perpendiculaires abaissées des points *n*, *m*, *p* sur *def*, *x* sera alors l'inconnue ; enfin par le point *p* et par le centre de gravité *q* de la face *abfd*, tirons des horizontales ; cela posé, on a évidemment

$$x = nt = ps + nh = \frac{c}{4} + nh;$$

or
$$\frac{nh}{mk} = \frac{y}{z} = \frac{np}{mp} = \frac{a+b}{a+b+c},$$

d'où $nh = mk\left(\dfrac{a+b}{a+b+c}\right)$, d'où $x = \dfrac{c}{4} + m\,k\left(\dfrac{a+b}{a+b+c}\right)$;

de même

$$mk = uq - ps - \text{ou} + ml = uq - \frac{c}{4} + \frac{c-uq}{4} = \frac{3\,u\,q}{4};$$

mais uq n'est autre chose que la hauteur du centre de gravité du trapèze *abfd* au-dessus du plan *def*. Ainsi, d'après ce que nous avons établi relativement au trapèze,

$$uq = \frac{a^2+b^2+ab}{3\,(a+b)},$$

et par suite

$$m\,k = \frac{a^2+b^2+ab}{4\,(a+b)},$$

donc enfin

$$x = \frac{1}{4}\left(c + \frac{a^2+b^2+ab}{a+b+c}\right) = \frac{1}{4}\frac{a^2+b^2+c^2+ab+ac+bc}{a+b+c},$$

valeur cherchée : cette formule est très-simple, symétrique et facile à retenir.

Cette valeur nous donne la hauteur du centre de gravité au-dessus de la base : mais ce centre de gravité devant aussi se trouver sur la ligne qui joint les centres de gravité des deux pyramides est entièrement déterminé.

Autre démonstration.

Nous allons maintenant faire usage de la théorie des momens : or, le moment du tronc par rapport au plan de sa base inférieure est $\dfrac{B}{3}(a + b + c)\,x$:

Fig. 10.

celui de la pyramide triangulaire par rapport au même plan est

$$\frac{c}{3} \times \frac{c}{4} \times B = \frac{c^2 \times B}{12};$$

quant à la pyramide quadrangulaire, observons que

$$mv = uq + ml = uq + \frac{cg}{4} = uq + \frac{cr-uq}{4} = \frac{3uq+cr}{4} = \frac{c+3p}{4},$$

(en posant $uq = p$);

ainsi le moment de cette pyramide est

$$\frac{B}{3}(a+b)\frac{(c+3p)}{4} = \frac{B}{12}(c+3p)(a+b),$$

nous aurons d'après cela, en égalant les momens,

$$\frac{B}{3}(a+b+c)x = \frac{c^2 B}{12} + \frac{B}{12}(c+3p)(a+b);$$

cette égalité revient à

$$4x(a+b+c) = c^2 + (c+3p)(a+b);$$

on tire de là

$$x = \frac{c^2 + (c+3p)(a+b)}{4(a+b+c)};$$

mais d'un autre côté, d'après ce que nous savons déjà,

$$p = \frac{a^2 + b^2 + ab}{3(a+b)},$$

substituant dans la valeur de x, cette dernière devient

$$x = \frac{1}{4}\frac{a^2 + b^2 + c^2 + ab + ac + bc}{a+b+c}$$

valeur exacte.

Si on pose $a=b=c$, auquel cas le tronc devient un prisme, alors q est le centre de gravité du parallélogramme $abdf$:

$$p=\frac{a}{2}\ , \text{ et } x=\frac{a^2+2a\left(a+\frac{3a}{2}\right)}{12\,a}=\frac{a}{2},$$

résultat connu.

PROBLÈME XIII.

Déterminer le centre de gravité d'un tronc de parallélipipède.

Soit ce le tronc dont il s'agit, décomposons-le en deux troncs triangulaires par le plan diagonal $bcef$. Soit h le centre de gravité cherché, m,n ceux des deux troncs partiels. Appelons en outre x,y,z les perpendiculaires abaissées sur la base inférieure des trois points h,m,n, et a,b,c,d celles partant des sommets de sa base supérieure. Tirons enfin mq perpendiculaire à x,y,z, on aura évidemment

$$x=y+hp=y+nq \times \frac{hm}{mn},$$

ou bien

$$x=y+(z-y)\frac{b+c+d}{a+2b+2c+d};$$

mais d'après ce qui précède,

$$y=\frac{1}{4}\frac{a^2+b^2+c^2+ab+ac+bc}{a+b+c},$$

et

$$z=\frac{1}{4}\frac{b^2+c^2+d^2+bc+bd+cd}{b+c+d},$$

Fig. 11.

substituant ces valeurs dans l'égalité précédente, il vient :

$$x = \frac{1}{4}\left(\frac{a^2+b^2+c^2+ab+ac+bc}{a+b+c}\right) + \frac{1}{4}\left(\frac{b^2+c^2+d^2+bc+bd+cd}{b+c+d}\right.$$

$$\left. - \frac{a^2+b^2+c^2+ab+ac+bc}{a+b+c}\right) \times \frac{b+c+d}{a+2b+2c+d} = \frac{1}{4}\frac{a^2+b^2+c^2+ab+ac+bc}{a+b+c}$$

$$+ \frac{1}{4}\left\{\frac{(b^2+c^2+d^2+bc+bd+dc)(a+b+c) - (a^2+b^2+c^2+ab+ac+bc)(b+c+d)}{(a+b+c)\;(a+2b+2c+d)}\right.$$

Cette formule, qui paraît très-compliquée au premier abord, est cependant bonne pour la pratique, elle est symétrique, et ne renferme que des lignes connues et se réduira facilement en nombres.

On aurait pu remplacer le rapport

$$\frac{hm}{mn} \text{ par } \frac{\frac{1}{3}(b+c+d)}{\frac{1}{4}(a+b+c+d)\times 2} = \frac{3}{2}\frac{a+b+c+d}{b+c+d},$$

puisqu'on démontre en géométrie qu'un tronc de parallélipipède est égal à sa base (qui est ici double de celle des termes triangulaires), multiplié par le quart de la somme des quatre perpendiculaires abaissées des sommets de la base supérieure sur la base inférieure. On peut faire ce remplacement et voir ce que devient alors la valeur de x.

Autre démonstration.

Soit A la base du tronc, A' A'' celles des troncs partiels, x la distance à la base A du centre de gravité du tronc, et $x'x''$ les distances analogues pour les deux autres troncs : si nous prenons pour la mesure du tronc l'expression énoncée ci-dessus, nous aurons évidemment, d'après la théorie du moment :

$$A\left(\frac{a+b+c+d}{4}\right)x = A'\left(\frac{a+b+c}{3}\right)x' + A''\left(\frac{b+c+d}{3}\right)x'',$$

ou bien en observant que

$$A' = A'' = \frac{A}{2},$$

$$\frac{a+b+c+d}{2}\,x = \frac{a+b+c}{3}\,x' + \frac{b+c+d}{3}\,x'' \,;$$

or, nous savons que

$$x' = \frac{1}{4}\frac{a^2+b^2+c^2+ab+ac+bc}{a+b+c},$$

et de même

$$x'' = \frac{1}{4}\frac{b^2+c^2+d^2+bc+bd+cd}{b+c+d},$$

donc

$$(a+b+c+d)\frac{x}{2} = \frac{1}{12}(a^2+b^2+c^2+ab+ac+bc) + \frac{1}{12}(b^2+c^2+d^2+bc+bd+cd),$$

d'où l'on déduit

$$x = \frac{1}{6}\left(\frac{a^2+2b^2+2c^2+d^2+ab+ac+2bc+db+cd}{a+b+c+d}\right),$$

Cette formule est très-simple, et nous montre que la formule obtenue par l'autre méthode est susceptible d'une grande simplification que nous nous contentons d'indiquer.

PROBLÈME XIV.

Déterminer le centre de gravité d'un tronc de prisme quelconque.

Soient A la base du tronc, a', a'', a''' les triangles formant cette base, et qui sont les bases des troncs de prismes triangulaires, en lesquels nous supposons qu'on a décomposé le tronc donné. Appelons x la distance du centre de gravité cherché à la base, et x', x'', x''' les quantités analogues pour les troncs partiels. Désignons en outre par p, p', p'' les perpendiculaires abaissées sur la base inférieure du centre de gravité des bases supérieures du tronc donné, et des troncs partiels ; nous savons que le volume du tronc est égal à sa base multipliée par la perpendiculaire abaissée de son centre de gravité sur cette base ; ainsi on aura, en prenant les momens,

$$A \cdot p \cdot x = \frac{a'p'}{4} \cdot \frac{a^2+b^2+c^2+ab+ac+bc}{a+b+c} + \frac{a''p''}{4} \cdot \frac{b^2+c^2+d^2+bc+bd+cd}{b+c+d} + \text{etc.}$$

D'où l'on tire la valeur de x : a, b, c, d, e sont les perpendiculaires à la base et passant par les sommets de la base supérieure.

Nous savons aussi qu'un tronc de prisme quelconque est égal à la section droite multipliée par la ligne qui joint les centres de gravité des bases. Ce qui nous fournit une autre manière d'opérer. Cette méthode offrira plus de simplicité.

COROLLAIRE.

Il est évident que le centre de gravité d'un tronc de prisme quelconque est sur la section parallèle à la base faite à la hauteur x que nous venons de trouver. La même chose a lieu pour un tronc de cylindre, car on peut toujours trouver un tronc de prisme qui différera de ce dernier de moins que de toute quantité donnée.

PROBLÈME XV.

Déterminer le centre de gravité d'un tronc de pyramide triangulaire à bases parallèles.

Il est d'abord facile de voir que ce centre de gravité se trouve sur la ligne qui joint les centres de gravité des bases; car si l'on prolonge les arêtes, cette ligne, passant par leur point commun, contient nécessairement les centres de gravité des deux pyramides, dont le tronc est la différence. Le problème se réduit donc à déterminer la hauteur du centre de gravité au-dessus de la base inférieure.

Soit $abcdef$ le tronc proposé, agissons comme pour le tronc de prisme triangulaire, et décomposons-le en deux pyramides, l'une triangulaire et l'autre quadrangulaire, ayant leur sommet commun au point b. Posons $def = b^2$, $abc = a^2$. Soit de plus h la hauteur du tronc, m le centre de gravité de la pyramide quadrangulaire, p celui de la pyramide triangulaire : alors le centre de gravité cherché se trouvera en un certain point n de la ligne mp. Comme précédemment, désignons par x, y, z les perpendiculaires abaissées des points n, m, p sur la base inférieure. Si q est le centre de gravité du quadrilatère $acfd$, base de la pyramide quadrangulaire, et que par

Fig. 12.

ce point et le point p on mène des perpendiculaires à x, y, z dans le plan de ces lignes, nous aurons

$$x = nt = ps + nh = \frac{h}{4} + nh;$$

or

$$\frac{nh}{mk} = \frac{np}{mp} = \frac{b^2 + ab}{a^2 + b^2 + ab},$$

car les lignes np, mp sont proportionnelles aux volumes de la pyramide quadrangulaire et du tronc,
ainsi

$$x = \frac{h}{4} + \frac{b^2 + ab}{a^2 + b^2 + ab} \cdot mk.$$

De plus,

$$mk = qu - ul + mo = p - \frac{h}{4} + \frac{h - p}{4} = \frac{3}{4} p \quad (qu = p);$$

on sait aussi que

$$p = \frac{h}{3}\left(\frac{l + 2l'}{l + l'}\right) = \frac{h}{3} \cdot \frac{b^2 + 2ab}{b^2 + ab},$$

l, l' désignant les côtés ac, df et h, la hauteur du
quadrilatère, qui n'est autre chose que celle du tronc;
substituant, il vient

$$mk = \frac{h}{4} \frac{b^2 + 2ab}{b^2 + ab}, \text{ par suite } x = \frac{h}{4}\left(1 + \frac{b^2 + 2ab}{a^2 + b^2 + ab}\right),$$

d'où enfin

$$x = \frac{h}{4}\left(\frac{a^2 + 2b^2 + 3ab}{a^2 + b^2 + ab}\right),$$

valeur cherchée. On voit que cette formule est très-
simple et a la plus grande analogie avec celle relative
au trapèze.

En faisant $b = o$, auquel cas le tronc devient une
pyramide triangulaire, il vient $x = \frac{h}{4}$, résultat vé-
rifié.

Autre démonstration.

Le moment de la pyramide triangulaire pris par Fig. 13.
rapport à la base inférieure a^2 est $\dfrac{h^2 a^2}{12}$: posant $qu =$
p, on aura $mv = \dfrac{h + 3p}{4}$,

car

$$mv = qu + mo = qu + \frac{he}{4} = qu + \frac{es - qu}{4} = \frac{3qu + es}{4} = \frac{3p + h}{4};$$

ainsi le moment de la pyramide quadrangulaire aura
pour expression

$$\frac{h + 3p}{4} \times \frac{h}{3} (b^2 + ab),$$

et le moment du tronc étant $\dfrac{h}{3} (a^2 + b^2 + ab,) x$: l'é-
galité des momens sera donnée par

$$\frac{h}{3} (a^2 + b^2 + ab) x = \frac{a^2 h^2}{12} + \frac{h}{12} (h + 3p) (b^2 + ab),$$

d'où l'on tire

$$x = \frac{ha^2 + (h + 3p)(b^2 + ab)}{4 (a^2 + b^2 + ab)};$$

mais p est une quantité connue, et on a

$$p = \frac{h}{3} \cdot \frac{b^2 + 2ab}{b^2 + ab};$$

substituant cette valeur dans la précédente, et réduisant, on trouve

$$x = \frac{h}{4} \left(\frac{a^2 + 2b^2 + 3ab}{a^2 + b^2 + ab} \right),$$

valeur trouvée par la première méthode.

Autre démonstration.

Fig. 14.   Prolongeons les arêtes du tronc jusqu'à leur point de concours s : soit h la hauteur de la grande pyramide, h' celle de la petite, a^2 la base inférieure du tronc, b^2 la base supérieure ; en appelant x la distance du centre de gravité du tronc à la base a^2, le moment du tronc par rapport à cette base est

$$x\,(a^2+b^2+ab)\ \frac{h-h'}{3}\,;$$

d'un autre côté, celui de la grande pyramide est égal à

$$a^2 \cdot \frac{h}{3} \cdot \frac{h}{4} = a^2\,\frac{h^2}{12},$$

et celui de la petite

$$\frac{b^2 h'}{3}\left(h-h'+\frac{h'}{4}\right) = \frac{b^2 h'}{12}\,(4h-3h')\,;$$

on aura donc d'après la théorie des momens

$$x\,(a^2+b^2+ab)\ \frac{h-h'}{3} = \frac{a^2 h^2}{12} - \frac{b^2 h'}{12}\,(4h-3h')\,;$$

d'où l'on déduit

$$x = \frac{1}{4}\ \frac{a^2 h^2 - 4b^2 hh' + 3b^2 h'^2}{(a^2+b^2+ab)\,(h-h')}\,;$$

mais les deux pyramides étant semblables, on a

$$\frac{a^2}{b^2} = \frac{h^2}{h'^2}\,,$$

ou

$$a:b::h:h',\ a:a-b::h:h-h',\ \text{et } a-b:b::h-h':h'\,;$$

d'où l'on tire

$$b = \frac{a\,(h-h')}{a-b}, \quad h' = \frac{b\,(h-h')}{a-b},$$

et substituant ces valeurs, il vient

$$x = \frac{1}{4} \frac{a^2\left(\frac{h-h'}{a-b}\right)^2 - 4\,ab^2\left(\frac{h-h'}{a-b}\right)^2 + 3b^4\left(\frac{h-h'}{a-b}\right)^2}{(a^2+b^2+ab)\,(h-h')} =$$

$$= \frac{h-h'}{4} \cdot \frac{a^4-4ab^3+3b^2}{(a^2+b^2+ab)\,(a^2-2ab+b^2)}.$$

Si l'on effectue la division du numérateur par le deuxième facteur du dénominateur on obtient pour résultat

$$x = \frac{h-h'}{4}\;\frac{a^2+2ab+3b^2}{a^2+b^2+ab},$$

résultat exact.

Si $h=h'$, alors $a=4b$ et $x = \frac{11}{8}\,(h-h')$,

résultat remarquable et indépendant des bases.

Autre démonstration.

Tirons une ligne du sommet s au centre de gra- Fig. 14.
vité m de la base inférieure, cette ligne passera
par le centre de gravité h de la grande pyramide,
par celui k de la petite et celui x du tronc. Ce
tronc que nous désignerons par s'', sera la différence des deux pyramides s, s' : ainsi, en supposant les volumes s, s', s'' concentrés en leurs centres
de gravité h, k, x, le point x sera le point d'application d'une force s'' qui, combinée avec s', donnera une
résultante s : on a donc

$$s' : s'' :: xh : kh, \quad \text{d'où} \quad xh = \frac{s'}{s''} \times kh :$$

mais

$$sh = \frac{3}{4} sm, \quad sk = \frac{3}{4} sn, \quad \text{d'où } kh = \frac{3}{4} mn, \quad \text{et } xh = \frac{3}{4} mn . \frac{s'}{s''},$$

or,

$$xm = hm - hx = \frac{sm}{4} - hx = \frac{sm}{4} - \frac{3}{4} mn . \frac{s'}{s''} = \frac{1}{4}\left(sm - 3mn . \frac{s'}{s''}\right)$$

de plus les bases du tronc étant parallèles, si on appelle h' la hauteur de la petite pyramide, h celle de la grande, on aura $s' = \frac{b^2 h'}{3}$, et par suite

$$xm = \frac{1}{4}\left(sm - \frac{mnb^2h'}{s'}\right) = \frac{1}{4}\left(sm - \frac{3mnb^2h'}{(a^2+b^2+ab)(h-h')}\right)$$

mais des proportions

$$a : b :: h : h', \quad a : b :: sm : sn;$$

on tire

$$h' = \frac{b(h-h')}{a-b}, \quad ms = \frac{a . mn}{a-b},$$

d'où il résulte

$$xm = \frac{mn}{4}\left(\frac{a^3+ab^2+a^2b-3b^3}{(a^2+b^2+ab)(a-b)}\right);$$

effectuant on obtient

$$xm = \frac{mn}{4}\left(\frac{a^2+2ab+3b^2}{a^2+ab+b^2}\right);$$

cette formule est conforme aux précédentes : seulement ici la distance à la base étant comptée sur la ligne des centres de gravité, la hauteur du tronc est remplacée par la ligne qui joint les centres de gravité des bases.

Corollaire. Si l'on appelle X la valeur à laquelle nous venons de parvenir, il est facile de voir que le centre de gravité du tronc est celui de la section parallèle aux bases, faite à la distance X de la base inférieure : car la ligne qui joint le centre de gravité des bases passe par celui de la section.

PROBLÈME XVI.

Déterminer le centre de gravité d'un tronc de pyramide quelconque à bases parallèles.

Quel que soit le tronc, on peut diviser les bases en triangles homologues, et en faisant passer des plans par les côtés homologues de ces triangles, le tronc sera décomposé en tronc de pyramides triangulaires : chacun de ces derniers a pour centre de gravité celui de la section parallèle aux bases, faite à une distance X de la base inférieure. D'après cela le centre de gravité du tronc donné sera celui du système de toutes ces sections, ou en d'autres termes celui du polygone formé par leur réunion.

Donc *le centre de gravité d'un tronc de pyramide polygonale est au centre de gravité de la section parallèle aux bases située à une distance X de la base inférieure, ou bien se trouve à cette même distance sur la ligne qui joint les centres de gravité des bases.*

Corollaire. Si aux bases d'un tronc de cône on inscrit des polygones réguliers, les troncs de pyramides qui auront ces polygones pour bases, pourront différer du tronc de cône de moins que de toute quantité donnée : ainsi le centre de gravité de ce

Fig. 17.

dernier se trouvera sur la section faite à la hauteur X
et sur la ligne qui joint les centres de gravité des
bases polygonales: or, ces dernières ont même centre
de gravité que les bases du tronc de cône, et il est
est de même des sections correspondantes.

Donc aussi *le centre de gravité d'un tronc de
cône à bases parallèles se trouve sur la ligne qui
joint les centres de gravité des bases à une distance X
de la base inférieure.*

Dans le cas du cône droit, il est évident que le
centre de gravité se trouve sur la ligne qui joint les
centres de gravité des bases, puisque cette ligne se
confond avec l'axe.

PROBLÈME XVII.

*Déterminer le centre de gravité d'un tronc de py-
ramide triangulaire à bases non parallèles.*

Fig. 15.

Soit *abcdef* le tronc proposé, je le décompose en
une pyramide triangulaire *bdef*, et une quadrangulaire *bacfd*. Soient o, n, m les centres de gravité du
tronc et de ces deux pyramides ; x, z, y les perpendiculaires abaissées de ces points sur la base; enfin
a, b, c les perpendiculaires abaissées des sommets de
la base supérieure sur le plan de la base inférieure ;
H la hauteur de la pyramide quadrangulaire. Posons
enfin *def*=A, *acfd*=B, on a évidemment

$$x = z + (y - z) \times \frac{on}{mn} = z + (y - z)\frac{v}{v + v'},$$

ν, ν' étant les volumes des deux pyramides, or $z = \dfrac{b}{4}$,
et d'après ce qui précède

$$y = \frac{1}{4}\left(a+b+c \cdot \frac{ch}{cd}\right);$$

par suite,

$$y - z = \frac{a}{4} + \frac{c}{4} \cdot \frac{ch}{cd},$$

de même

$$\nu = \frac{\mathrm{A}b}{3}, \nu' = \frac{\mathrm{BH}}{3},$$

par conséquent

$$x = \frac{b}{4} + \left(\frac{a}{4} + \frac{c}{4} \cdot \frac{ch}{cd}\right)\frac{\mathrm{A}b}{\mathrm{A}b+\mathrm{BH}} = \frac{b}{4}\left(\frac{a}{4} + \frac{c}{4} \cdot \frac{ch}{cd}\right)\frac{\nu}{\nu+\nu'};$$

telle est la valeur cherchée où tout est connu.
x étant donné, on pourrait déduire de là l'expression du volume du tronc qui n'est point donné en géométrie.

Autre démonstration.

En égalant le moment du tronc à la somme de ceux des deux pyramides, on aura

$$\left(\frac{\mathrm{A}b+\mathrm{BH}}{3}\right) x = \frac{\mathrm{A}b^2}{12} + \frac{\mathrm{BH}}{12}\left(a+b+c\frac{ch}{cd}\right),$$

d'où l'on tire

$$x = \frac{1}{4}\left\{\frac{ab^2+\mathrm{BH}\,(a+b)+\mathrm{BH} \cdot c \cdot \dfrac{ch}{cd}}{\mathrm{A}b+\mathrm{BH}}\right\};$$

même valeur que la précédente, mais présentée sous une autre forme.

Cette formule peut être d'une grande utilité dans la pratique.

PROBLÈME XVIII.

Déterminer le centre de gravité d'un polyèdre quelconque.

Tous les polyèdres pouvant se décomposer en pyramides triangulaires, si l'on prend les centres de gravité de toutes les pyramides qui composent le système proposé, l'on n'aura plus qu'à chercher le centre de gravité d'un assemblage de points représentés pour leurs poids, par les volumes des pyramides respectives dont ils sont les centres de gravité. Ce qui se réduit à une composition de forces. Dans quelques cas on pourra ne pas décomposer tout le polyèdre en pyramides triangulaires, et profiter avec avantage de la détermination des centres de gravité, des prismes, des pyramides polygonales, des troncs, etc.

Comme nous l'avons déjà démontré, il est facile de voir, en décomposant un polyèdre régulier en pyramides ayant leur sommet à son centre, que son centre de gravité est à son centre. Il suit de là que la distance du centre de gravité d'un polyèdre régulier et d'un polyèdre symétrique *à un plan* est *égale à la moyenne distance de tous ses sommets au même plan,* car ce point est le point d'application d'autant de masses ou de forces égales qu'il y a de sommets, et appliquées à ces sommets.

Nous allons terminer ce qui concerne les polyèdres, en démontrant un théorème analogue à celui que nous avons établi pour les polygones.

THÉORÈME.

Dans les polyèdres semblables les centres de gravité sont semblablement placés.

En effet, deux polyèdres semblables peuvent se décomposer en un même nombre de pyramides triangulaires semblables et semblablement placées. Or, dans une pyramide, le centre de gravité se trouvant sur la ligne menée du sommet au centre de gravité de la base, et à une distance déterminée de cette base, et d'ailleurs dans deux pyramides semblables, ces lignes étant homologues et proportionnelles, il en résulte que la proposition est vraie pour deux pyramides triangulaires : cela posé, on peut remplacer les pyramides qui composent les polyèdres par des masses ou forces appliquées à leurs centres de gravité respectifs : alors ces poids seront proportionnels pour deux pyramides semblables : pour avoir les résultantes de ces deux systèmes de forces, il faudra d'abord partager dans un certain rapport les lignes qui joignent deux forces homologues, ce qui donnera pour les points d'application de ces deux résultantes partielles deux points semblablement placés. Toutes les opérations suivantes étant semblables à cette dernière, on peut en conclure que les résultantes auront leurs points d'application semblablement placés.

Donc dans les polyèdres semblables les centres de gravité sont semblablement placés.

Planche III.
Fig. 1.

On peut voir cela autrement. En effet, la proposition étant vraie pour deux pyramides triangulaires, il suffit de faire voir que si elle est démontrée pour des polyèdres composés de a pyramides, elle a aussi lieu pour des polyèdres composés de $(a+1)$ pyramides : et, en effet, soit n, n' les centres de gravité des polyèdres formés de a pyramides, et soit s, s' les $a+1^{\text{mes}}$ pyramides, et m, m' leurs centres de gravité; les points n, n' sont semblablement placés, ainsi que m, m'; et de plus les forces appliquées en m, n sont proportionnelles à celles qui agissent en m', n' : pour avoir les résultantes générales il faut donc diviser les droites mn, $m'n'$ dans le même rapport : ces deux droites étant elles-mêmes des lignes homologues et par conséquent proportionnelles, il en résulte que les points de division ou les centres de gravité seront semblablement placés.

Fig. 2.

Voyons maintenant comment, à l'aide de ce théorème, on peut simplifier les recherches précédentes. Considérons d'abord un prisme bh : divisons ce prisme en deux prismes partiels égaux par un plan parallèle aux bases et à égale distance de ces bases : soit a le volume de l'un d'eux, x la distance du centre de gravité de bh à la base ac, x' celle du prisme bp, en égalant les momens on aura

$$2ax = ax' + a\left(x' + \frac{h}{2}\right) = 2ax' + \frac{ah}{2}$$

mais en admettant le théorème précédent

$$x' = \frac{x}{2}, \text{ d'où } 2ax = ax + \frac{ah}{2}, \text{ et } x = \frac{h}{2},$$

résultat vrai, et auquel nous sommes déjà parvenus par d'autres méthodes.

Soit maintenant la pyramide triangulaire $sabc$: si par le milieu d de l'arête sa on mène le plan def parallèle à la base, et par le milieu e de sb un plan egh parallèle à sac, la pyramide sera décomposée en deux pyramides égales entre elles et deux prismes équivalens. Soit a le volume de l'une des pyramides, x la distance du centre de gravité de la pyramide s à la base abc, x' la distance du centre de gravité de $egbh$ à la même base, et enfin h la hauteur de s, nous aurons, en égalant les momens,

$$8\,ax = \frac{3\,ah}{4} + \frac{3\,ah}{6} + \frac{ah}{2} + 2\,ax' ;$$

mais les petites pyramides étant semblables à la proposée, on a d'après le théorème précédent, $x' = \dfrac{x}{2}$;

il vient donc $7\,ax = \dfrac{21\,ah}{12}$, d'où $x = \dfrac{h}{4}$, résultat auquel nous devions arriver.

Nous ne citerons pas d'autres exemples de ces applications.

Nous allons passer maintenant à la détermination de quelques centres de gravité qui ne pouvaient trouver place dans ce qui concerne les polygones et les polyèdres.

PROBLÈME XIX.

Déterminer le centre de gravité d'un arc de cercle.

Déterminons d'abord le centre de gravité d'une portion de polygone régulier. Je trace le diamètre mn

Fig. 3.

Fig. 4.

parallèle à la corde ab du polygone donné. Soit x la distance du centre de gravité cherché au diamètre mn, soit a le polygone ab, son moment sera $a \times x$, le centre de gravité du côté ac est à son milieu ainsi que celui de cd, etc. leurs momens sont $ac \times ei$, $cd \times gq$, etc. donc $ax = ac \times ei + cd \times gy + $ etc. : si l'on joint eo, les deux triangles semblables acl, eoi donnent ac :

$eo :: al : ei$, ou $ac : t :: ph : ei$, d'où $ei \dfrac{t \times ph}{ac}$; ($t$ est l'apothème), de même on a $cd : go :: cf : gq$, ou $cd :$

$pr : gq$ d'où $gq, = \dfrac{t \times pr}{cd}$ etc.; substituant dans la valeur

de ax, il vient $ax = t \, (ph + pr + $ etc.$) = t \times hk =$

$t \times ab$, d'où $x = \dfrac{t \times ab}{a}$: de plus le centre de gravité doit

se trouver sur la ligne menée du centre à son milieu.

Donc le centre de gravité d'une portion de polygone régulier se trouve sur le rayon qui le divise en deux parties égales à une distance du centre quatrième proportionnelle à l'apothème, à l'arc et à la corde.

Considérons maintenant un arc de cercle, et concluons que *le centre de gravité d'un arc de cercle est sur le rayon qui le divise en deux parties égales à une distance du centre quatrième proportionnelle au rayon à l'arc et à la corde*, en sorte que pour lui on

a $x' = \dfrac{rab}{a'}$, (a' est la longueur de l'arc); car suppo-

sons qu'on ait $x' = \dfrac{rab}{a'} + m$; si on circonscrit une

portion de polygone régulier à l'arc donné, on aura

pour le centre de gravité de ce dernier $x' = \dfrac{rab}{a'}$, mais l'arc et le polygone peuvent différer entre eux de moins que de toute quantité donnée ; leurs centres de gravité respectifs différeront donc aussi très-peu entre eux, et m étant une quantité finie, il faudra pour cela que a' soit plus grand que a, ce qui est absurde; on prouverait de même, au moyen du polygone inscrit, qu'on ne peut pas avoir $x = \dfrac{r \times ab}{a'} - m$, donc etc. Nous sommes déjà parvenus à ce résultat par le théorème de *Guldin.*

PROBLÈME XX.

Déterminer le centre de gravité d'un secteur circulaire.

Si nous remplaçons l'arc ab par une portion de polygone régulier, ce nouveau secteur pourra être considéré comme composé de triangles ayant leur sommet au centre o, et pour bases les côtés du polygone. Chacun de ces triangles a son centre de gravité aux deux tiers du rayon même par le milieu de sa base, en sorte que l'aire du secteur a pour centre de gravité celui de l'arc *die* décrit avec un rayon

Fig. 5.

$$oi = \frac{2}{3} of = \frac{2r}{3}.$$

On aura donc pour la distance au centre de gravité du secteur au point o,

$$x = \frac{\frac{2}{3} r . ab}{afb} = \frac{2}{3} r . \frac{ab}{a}.$$

On passera du secteur polygone au secteur circulaire,

comme nous sommes passés d'un polygone à un arc.

Donc le centre de gravité d'un secteur polygonal ou circulaire se trouve sur le rayon qui le divise en deux parties égales à une distance du centre quatrième proportionnelle à l'arc, à la corde et aux deux tiers du rayon.

Supposons maintenant qu'on demande la distance du centre de gravité du demi-secteur aof à l'axe of; pour cela observons que ce centre de gravité est sur la droite gn menée perpendiculairement au rayon of par le centre de gravité g du secteur double, et en même temps sur le rayon om qui divise l'arc af en deux parties égales : la distance demandée est donc le côté gn du triangle rectangle ogn, d'où l'on déduit par une simple proportion

$$gn = \frac{2}{3}\,\frac{ad \times r}{af}\ \text{tang.}\ \frac{1}{2}\ aof.$$

PROBLÈME XXI.

Déterminons le centre de gravité d'un segment circulaire.

Fig. 6. Soit le segment $afbm$, et soit en outre i, k, g, les centres de gravité respectifs du triangle, du secteur et du segment. En prenant les momens par rapport au centre o, et observant que le moment du secteur est égal à la somme des momens du segment et du triangle, on a

$$afbm \times og = afbo \times ok - abo \times oi;$$

or $afbo = afb \times \frac{r}{2}r, ok = \frac{2}{3}\frac{r.ab}{afb}, abo = \frac{ab.om}{2}$ et $oi = \frac{2}{3}om.$

substituant ces valeurs il vient

$$afbm \times og = ab \left(\frac{\overline{of}^3 - \overline{om}^3}{3} \right) = \frac{\overline{ab}^3}{12},$$

d'où l'on tire

$$og = x = \frac{\frac{\overline{ab}^3}{12}}{afbm}.$$

Donc le centre de gravité d'un segment circulaire est sur le rayon mené au milieu de l'arc à une distance égale à $\frac{1}{12}$ du cube de la corde, divisé par l'aire du segment.

De même connaissant les centres de gravité du triangle et du secteur polygonal, on déduirait une valeur analogue pour le centre de gravité du segment polygonal.

PROBLÈME XXII.

Déterminer le centre de gravité d'une zone sphérique.

Supposons d'abord qu'il s'agit d'une zone à une base.

Il est évident que le centre de gravité se trouve sur son axe, car ce dernier est l'intersection de deux plans qui divisent la zone en deux parties égales. Je dis de plus, qu'il est au milieu de cet axe ou de sa hauteur.

En effet, si on considère aussi la zone *ahb*, qui, avec la première *afb*, complète la surface de la sphère, le centre de gravité du système de ces deux zones devra être au centre *o* de la sphère : or deux zones

Fig. 7.

de même base étant entre elles comme leur hauteur, il est facile de voir que cette condition sera satisfaite en admettant que le centre de gravité de chacune d'elles se trouve au milieu de sa hauteur, tandis qu'il n'en est pas ainsi dans le cas contraire. Supposons, par exemple, que le centre de gravité d'une zone soit placé au-dessous du milieu de sa hauteur : alors les centres de gravité des deux zones se rapprochant en même temps du centre de la sphère, le centre de gravité de leur système ne sera plus au centre de la sphère. On verra de même que la même chose a lieu, en supposant le centre de gravité au-dessus du milieu de la hauteur.

Donc le centre de gravité d'une zone sphérique est au milieu de sa hauteur.

Ce que nous venons de dire suppose que la zone dont il s'agit n'a qu'une base ; mais on déduit de là le cas d'une zone à deux bases.

PROBLÈME XXIII.

Déterminer le centre de gravité d'un secteur sphérique.

Fig. 8.

Je suppose qu'il s'agit d'un secteur à base polyédrale : on pourra le considérer comme composé de pyramides, et chacune d'elles aura son centre de gravité aux trois quarts du rayon mené au centre de gravité de la base ; en sorte que le centre de gravité du secteur ne sera autre chose que le centre de gravité de la calotte polyédrale, dont l'apothème serait les trois quarts de celles du secteur. Ainsi, si on prend $ob = \frac{3}{4}\, oa$, le centre de gravité du secteur sera au milieu m de fb; par conséquent, en posant $oa = r$, $ak = h$, on aura $bf = \frac{1}{4}\, a$ parce que $bf : ka :: ab : oa :: \frac{3}{4} : 1$, on a aussi $of = \frac{3}{4}\,(r - h)$; donc $mo = \frac{3}{4}\,(r - h) + \frac{3}{8}\,h$, ou $om = \frac{3}{4}\,r - \frac{3}{8}\,h$; on passera facilement, d'après tout ce qui précède, au secteur sphérique.

Donc le centre de gravité d'un secteur polyédral ou sphérique est sur son axe à une distance du centre de la sphère égale aux trois quarts du rayon moins les trois huitièmes de la hauteur de la calotte.

PROBLÈME XXIV.

Déterminer le centre de gravité d'un segment sphérique.

Le moment du segment est égal à la différence des momens du secteur et du cône : or, le volume du secteur est $\frac{2}{3}\,\pi\, r^2 h$, celui du cône $\pi\,(2rh - h^2)\left(\dfrac{r - h}{3}\right)$; la distance de son centre de gravité au sommet de la calotte est $\frac{1}{4}\,r + \frac{3}{8}\,h$: or, le centre de gravité du cône et aux trois quarts de ok à partir du point o; on a donc $ok = r - h$, et la distance de ce centre au point o est $\frac{3}{4}\,r - \frac{3}{4}\,h$, et conséquemment sa distance au point a est $\frac{1}{4}\,r + \frac{3}{4}\,h$; la différence des momens du secteur et du cône sera donc

$$\frac{3}{4}\,\pi\, r^2 h \left(\frac{1}{4}\,r + \frac{3}{8}\,h\right) - \pi\,(2rh - h^2)\left(\frac{1}{4}\,r + \frac{3}{4}\,h\right),$$

et divisant par le volume du segment, qui est $\pi\, h^2 \left(r - \dfrac{h}{3}\right)$ on trouvera

$$om = x = \frac{8rh - 3h^2}{12r - 4h},$$

Fig. 8.

(86)

on passera de là au segment polyédral.

Donc le centre de gravité d'un segment polyédral ou sphérique est éloigné du sommet de la calotte de $\dfrac{8rh-3h^2}{12r-4h}$.

Les résultats et principes précédens étant bien établis, nous allons nous occuper de quelques applications.

Applications.

Comme on le sait, un radeau est un assemblage d'arbres parallèles les uns aux autres, placés graduellement en retraite; il importe, pour la solidité d'un pont de radeaux, que le plancher de ce dernier soit à peu près disposé également de part et d'autre du centre de gravité des radeaux, afin que leurs poids propres, et celui des fardeaux qui passeront sur le pont, ne donnent pas au radeau une charge inégalement distribuée autour de son axe transversal.

Il est donc utile de savoir déterminer le centre de gravité d'un radeau. Cette détermination n'offre aucune difficulté, puisque chaque arbre est un tronc de prisme ou même un prisme, et le plus souvent un tronc de cône; nous avons déterminé le centre de gravité de ces divers solides.

Si l'on place un corps sur un axe horizontal de manière qu'il y reste en équilibre, il est clair que le centre de gravité du corps se trouvera dans un plan vertical mené par cet axe.

Cela posé, si l'on fait une épreuve sur une pièce

du canon, on voit que le plan vertical ci-dessus passe à peu près sur l'axe des tourillons : or, la pièce privée de tourillons étant un solide de révolution autour de son axe longitudinal, son centre de gravité se trouve sur cet axe. De plus, les tourillons étant placés symétriquement par rapport à cet axe, ce dernier devra contenir le centre de gravité du système entier ou de la pièce telle qu'elle existe.

Donc le centre de gravité d'une pièce de canon se trouve à peu près sur l'axe transversal mené par le centre des tourillons.

L'axe de suspension n'est pas absolument l'axe des tourillons : le centre de gravité se trouve en effet un peu en arrière de cet axe, ce qui est nécessaire pour le recul de la pièce.

Les jambes d'un homme étant maintenues parallèles dans le prolongement du corps et les bras appliqués sur les côtés, on trouve que l'axe de suspension dont nous venons de parler se trouve généralement très-près de l'axe transversal mené par les deux hanches : de plus le centre de gravité se trouve sur l'axe longitudinal du corps même.

Donc le centre de gravité d'un homme est placé à peu près entre les deux hanches au milieu du corps.

D'après cela, un homme ne peut être supporté sur un plan horizontal qu'autant que la verticale, passant par son centre de gravité, tombe dans l'espace quadrangulaire embrassé sur le sol par les contours de ses pieds. C'est pourquoi, dans l'escrime, la stabilité est très-grande dans le sens du mouvement et très-faible dans le sens rectangulaire à ce dernier. De même, tout le talent du patineur consiste à maintenir le centre de gravité dans le plan verti-cal mené par le tranchant du patin qui pose sur la glace.

Tout le monde a remarqué qu'en montant l'homme porte le corps en avant, tandis que le con-traire a lieu en descendant : on a pu voir encore que deux individus se donnant le bras, allant un peu vite, sans être au pas, ne marchent qu'avec beaucoup de difficulté et finissent par tomber. Sur la corde, la base de sustentation étant presque nulle dans le sens latéral, le funambule n'exécute qu'avec beaucoup de difficulté, ce qui lui est très-facile à l'aide du balancier, qui lui donne la faculté d'opposer un contre-poids à la masse qui entraîne son centre de gravité.

L'enfant qui n'a pas, si l'on peut s'exprimer ainsi, le sentiment de son centre de gravité, fait des chutes fréquentes. L'habitude corrige ce défaut, l'homme parvient à exécuter avec beaucoup de fa-cilité et de rapidité les mouvemens les plus variés et les plus brusques.

Lorsqu'on observe le pas d'un quadrupède, on reconnaît que la levée est d'autant plus longue que le pas est plus lent, surtout lorsque l'animal est em-ployé à mouvoir des fardeaux qu'il traîne difficile-ment ; et sa durée est très-sensible dans le bœuf, dont le pas est naturellement fort lent ; et lorsque cet animal est fatigué, sa marche n'est qu'une suite de stations très-rapprochées, dans lesquelles tout son poids porte sur trois pieds, et comme celui des trois qui est en foulée pousse le centre de gravité du corps en avant et du côté opposé de ce poids, il est soutenu presque en entier sur le bipède latéral des deux autres : il en est autrement lorsque le pas est rapide ; alors le poids du quadrupède n'est jamais soutenu, et son centre de gravité oscille en dehors de la base de sustentation du bipède qui est en appui.

Ce bipède presse donc moins le sol, ce qui fait que les empreintes qu'il y laisse doivent être moins profondes quand celui-ci présente les conditions de résistance convenables à cet effet. Cette pression diminue à mesure que le centre de gravité du quadrupède descend, en sorte qu'elle pourrait non-seulement devenir nulle, mais même se changer en une force centrifuge qui détacherait ce bipède du sol.

Comme nous l'avons observé, le mouvement du corps doit avoir lieu lorsque la projection de son centre de gravité est en dehors de la base de sustentation : et par cela même il est impossible de soulever un poids, quelque petit qu'il soit, en se tenant debout, si la direction de la résultante de ce poids et de celui du corps ne rencontre pas cette base. Mais suffit-il, comme *Barthez* l'a dit (Nouvelle mécanique du mouvement de l'homme et des animaux), que la direction de cette résultante tombe sur la base de sustentation pour que l'homme puisse soulever un fardeau plus pesant que son corps? *Boerhaave* a dit qu'on ne peut élever une masse plus pesante que soi : mais cela n'est vrai que dans des circonstances faciles à désigner, et que voici : Un homme qui n'est retenu sur le sol que par sa propre pesanteur ne peut élever une masse plus pesante que son corps, lorsqu'elle tend à le soulever ou à le détacher du sol, et cela, quand même la ligne du centre de gravité de cette masse et de cet homme tomberait sur la base de sustentation du dernier. Ainsi, si un homme puise de l'eau en tirant la corde, attachée à l'anse du sceau, avec ses mains et sans employer aucune machine, il pourra amener à lui le sceau quoiqu'il pèse plus que son corps ; mais quelqu'effort qu'il fasse, il ne pourra pas le faire monter ni même le tenir hors de l'eau si la corde passe sur une poulie dont l'axe est fixe, en sorte qu'il la tire de haut en bas ; une expérience fort simple confirme ce résultat : Un homme en équilibre sur un plateau de balance ne parviendra jamais à le rompre, quelques efforts qu'il fasse. De plus, si dans les circonstances où l'on ne peut soulever une masse plus pesante que soi, un homme en lève une qui pèse moins, son poids sur le sol se trouve diminué de celui qu'il tient suspendu.

Pour dernier exemple, nous allons appliquer la théorie des centres de gravité à la recherche des lieux géométriques.

Fig. 9. Tous les triangles ayant même surface, le produit bh de la base par la hauteur est une quantité constante : ainsi, b et h étant des quantités indéterminées, on a $bh = $ constante $= C$; mais tous ces triangles ayant de plus même angle au sommet, et la surface d'un triangle pouvant aussi s'exprimer par le produit de deux des côtés multiplié par le sinus de la moitié de l'angle compris, il s'ensuit que le produit des deux côtés, qui comprennent l'angle A, est aussi une quantité constante. Ainsi, $sb \times sc = $ const. $= C'$; or, considérons le centre de gravité de l'un de ces triangles sbc ; les coordonnées de ce point par rapport aux axes indéfinies SX, SY seront évidemment le tiers, l'une de Sc, l'autre de Sb; ainsi, x, y désignant généralement ces coordonnées, on a $xy =$ constante, équation d'une hyperbole rapportée à ses asymptotes; quant à la constante, elle serait évidemment égale à $\left(\dfrac{s}{9 \sin. \frac{1}{2} A} \right)$, s étant la valeur de métres carrés de la surface donnée du triangle.

Donc la courbe cherchée est un hyperbole dont les asymptotes sont précisément les côtés de l'angle donné.

Nous pourrions multiplier ces applications : les précédentes suffisent pour le but que nous nous proposons; nous allons terminer ces recherches en établissant quelques théorèmes sur les centres de gravité.

Premier théorème.

Dans un prisme, la ligne qui joint les centres de gravité des deux bases passe par le centre de gravité d'une section quelconque.

Fig. 10.

Soit le prisme triangulaire af et mno une section quelconque : soient de plus k, k', ν les milieux des lignes ef, bc, no et h, u, h' ceux des lignes de ab, mn: la ligne kk' passe évidemment par le point ν, car la figure $efcb$ étant un parallélogramme toute droite, *on* est coupée en son milieu par la ligne kk' qui joint les milieux de deux côtés opposés : de même la figure $dkk'a$ étant un parallélogramme, la ligne gq coupera la ligne $m\nu$ dans le même rapport que dk et ak', c'est-à-dire à $\frac{1}{3}$ $m\nu$ du point ν; donc elle passera par le centre de gravité de la section mno.

La proposition étant démontrée pour un prisme triangulaire, elle découle pour un prisme quelconque.

Deuxième théorème.

Le volume d'un tronc de prisme triangulaire est égal à sa base multipliée par la perpendiculaire abaissée du centre de gravité de la base supérieure sur la base inférieure.

Fig. 11. En effet, ce volume équivaut à trois pyramides ayant pour base la base inférieure, et pour hauteur les trois perpendiculaires abaissées sur cette base des trois sommets de la base supérieure. Or, si par le sommet d on mène le plan dgh parallèle à la base abc, ce plan coupera les perpendiculaires abaissées des sommets e, f, et du centre de gravité m de def, en des points également distans de abc : de plus, d'après une propriété connue, la perpendiculaire abaissée du centre de gravité m sur le plan dgh est égale au tiers des perpendiculaires menées des points e, f sur le même plan : ainsi, la perpendiculaire mn est elle-même le tiers de la somme des trois perpendiculaires abaissées des trois sommets d, e, f sur la base inférieure.

Donc, etc.

La même chose a lieu pour un parallélipipède tronqué, puisque la valeur de ce dernier est égale à sa base inférieure multipliée par le quart de la somme des perpendiculaires abaissées sur cette base des sommets de la base supérieure.

Troisième théorème.

Un tronc de prisme quelconque est égal à sa base multipliée par la perpendiculaire abaissée du centre de gravité de la base supérieure sur la base inférieure.

La proposition a été démontrée pour un tronc de prisme triangulaire. Considérons maintenant un tronc de prisme quadrangulaire ag, et décomposons-le en deux troncs triangulaires par le plan $aegc$; notre raisonnement serait le même pour un tronc quelconque : soient m, n, p les centres de gravité des bases supérieures des trois troncs, et soient de plus x', x, y les perpendiculaires abaissées de c s points sur la base inférieure ; v', v, V les volumes correspondans. Or, $y = pq = no + ps = x + mr \times \dfrac{pn}{mn} = x + (x' - x)\dfrac{s'}{s+s'}$; s, s' étant les surfaces des bases des troncs triangulaires, car ce rapport est le même que celui des bases supérieures ; on tire de là $(s + s')y = xs + x's' = v + v' = V$

Donc, etc.

Dans le cas où la base est un polygone régulier d'un nombre pair de côtés ou un polygone symétrique, on peut employer la démonstration qui a servi pour le tronc de prisme triangulaire, d'après la propriété du centre de gravité d'un tel polygone.

Fig. 12.

Quatrième théorème.

Un tronc de prisme, ou un prisme quelconque, est égal à la section droite multipliée par la ligne qui joint le centre de gravité des bases.

Fig. 13.

En effet, d'après le théorème (1), la ligne qui joint les centres de gravité des bases passe par ceux de toutes les sections : cela posé, considérons un tronc de prisme triangulaire ; soit def la section droite, k son centre de gravité, g, h ceux des bases : le tronc supérieur est égal à $def \times gk$, le tronc inférieur est égal à $def \times hk$; ainsi le volume total est $def \times gh$.

Fig. 14.

passons maintenant au cas où la base n'est pas un triangle : supposons qu'elle soit un quadrilatère, le raisonnement serait le même, quel que fût le nombre des côtés ; $abcd$ étant la section droite, il suffit de démontrer le théorème pour le tronc supérieur bg. Ayant décomposé le tronc en deux troncs triangulaires comme ci-dessus, désignant par x', x, γ non plus les perpendiculaires abaissées des centres de gravité des bases supérieures, mais bien les lignes qui joignent ces points aux points analogues des bases inférieures, on aura toujours $\gamma = pq = x +$
$(x'-x) \times \dfrac{s'}{s \times s'}$, ($s'$, s sont les deux sections droites triangulaires), ou bien $(s+s')\gamma = xs + x's' = v + v' = V$.

Donc, etc.

On appliquera sans difficulté ces deux théorèmes au tronc de cylindre.

Cinquième théorème.

Si une surface plane terminée par un polygone ou une courbe, se meut dans l'espace de manière que son plan soit toujours perpendiculaire à une courbe située dans l'espace, le solide engendré est égal à l'aire de la surface génératrice multipliée par la longueur de la courbe que parcourt son centre de gravité.

Supposons d'abord que la surface se meuve sur un polygone; alors, en parcourant un côté, au lieu de lui rester constamment perpendiculaire, son plan s'inclinera de manière à ce qu'il soit perpendiculaire au côté qui suit dès qu'il aura atteint le point d'intersection de ces deux côtés; ainsi, *ab*, *bc* étant deux côtés consécutifs, le volume engendré du point *a* au point *b*, c'est-à-dire de la position *as* à *bs*, est un tronc de prisme ou de cylindre, et a pour mesure la section droite ou la surface génératrice multipliée par le chemin parcouru par son centre de gravité;

Fig 15.

Donc le volume total sera égal à la surface génératrice multipliée par la somme des chemins parcourus par son centre de gravité ou par le chemin total parcouru par ce point.

Maintenant, pour passer au cas d'une courbe, il suffit d'employer la méthode dont nous avons fait usage plusieurs fois, et qui consiste à inscrire ou circonscrire un polygone à la courbe.

Ici, comme dans ce qui précède, nous avons raisonné avec toute la rigueur possible; nous aurions pu, d'après certains auteurs, considérer la courbe comme composée d'élémens rectilignes, et observer que le volume engendré, en parcourant un de ces élémens, est un prisme ou un cylindre.

On voit que ce théorème n'est qu'une extension de celui de Guldin, et peut servir à trouver l'expression de certains volumes en usage dans les arts comme le tore.

Sixième théorème.

Lorsqu'un certain nombre de forces sont en équilibre autour d'un point, ce point est le centre de gravité de corps ou de points massifs égaux placés aux extrémités des lignes qui représentent ces forces en grandeurs et en direction; et réciproquement.

En effet, soit m le nombre des points matériels, xyz les coordonnées du point de concours des forces, $x', y', z'....x , y , z$ celles des extrémités des droites qui représentent ces forces : puisque ces dernières sont en équilibre, on a

$$x - x_1 + x - x_2 + ,..... + x - x_m = 0 ..... y - y_1 + y - y_2 + ... + y - y_m = 0, \; z - z_1 + z - z_2 + ... + z_m = 0,$$

d'où l'on tire

$$mx = x_1 + x_2 + ... + x_m, \; my = y_1 + y_2 + ..., + ym, \; mz = z_1 + z_2 + ... + z_m$$

ou

$$x = \frac{x_1 + x_2 + ... + x_m}{m}, \; y = \frac{y_1 + y_2 + ... + y_m}{m}, \; z = \frac{z_1 + z_2 + ... + z_m}{m};$$

et ce sont précisément là les valeurs des coordonnées du centre de gravité; la réciproque est également vraie, car de ces valeurs on remonte facilement aux équations d'équilibre.

D'après cela, si trois forces sont en équilibre autour d'un point, ce point est le centre de gravité du triangle formé en joignant les extrémités des lignes qui représentent ces forces en grandeur et en direction, car le centre de gravité de ce triangle est le même que celui des trois corps égaux placés à ses sommets.

De même, si quatre forces se font équilibre autour d'un point, ce point est le centre de gravité de la pyramide formée en joignant les extrémités des droites qui représentent ces forces en grandeur et en direction, et la réciproque de ces deux propositions est aussi vraie.

Bien plus, si toutes les molécules égales d'un corps sont attirées vers un même point par des forces proportionnelles à leurs distances à ce point, et qu'il y ait équilibre, ce point sera le centre de gravité du corps, et réciproquement. C'est le cas de la terre dont toutes les molécules pèsent vers le centre, en raison des simples distances ; ainsi, toutes les forces de la gravité se font équilibre autour du centre de la terre.

Septième théorème.

Étant donnés plusieurs points materiels, si du centre de gravité de leur système on décrit une sphère, la somme des carrés des distances de ces points à un point de la sphère est constante.

Par le point pris sur la sphère, imaginons trois points rectangulaires : soient X, Y, Z les coordonnées du centre de gravité, $x\,y\,z$, $x'\,y'\,z'$, $x''\,y''\,z''$, etc.; celles des points du système, n leur nombre,

r, r', r'', etc., leur distance au premier point, et R la distance du centre de gravité au point donné, et D, D', D'', etc., les distances des points entre eux. Nous aurons, d'après cela : $nX = x + x' + x'' +$, etc., $nY = y + y' + y''$, $nZ = z + z' + z'' +$ etc. $R^2 = X^2 + Y^2 + Z^2$, $r^2 = x^2 + y^2 + z^2$, $r'^2 = x'^2 + y'^2 + z'^2$, $r''^2 = x''^2 +$ etc.; et $D^2 = (x - x')^2 + (y - y')^2 + (z - z')^2 = r^2 + r'^2 - (2xx' + 2yy' + 2zz')$, $D'^2 = r'^2 + r''^2 - (2x'x'' + 2y'y'' + 2z'z'')$ etc., d'où $2xx' + 2yy' + 2zz' = (r^2 + r'^2) - D^2$, $2x'x'' + 2y'y'' + 2z'z'' = (r'^2 + r''^2) - D'^2$, etc., et de plus des premières égalités on tire $n^2R^2 = r^2 + r'^2 + r''^2 + \ldots + (2xx' + 2yy' + 2zz' + $ etc.$) = 2(r^2 + r'^2 + r''^2 + \ldots) - (D^2 + D'^2 + D''^2 + $ etc.$)$, en remplaçant la dernière partie par sa valeur ; et delà il vient

$$r'^2 + r'^2 + r''^2 + \text{etc.} = \frac{n^2R^2 + (D^2 + D'^2 + D''^2 +)}{3}, \text{ donc, etc.}$$

Si les points matériels étaient situés dans un même plan, alors $z = o$, $r = o$, $z' = o$, etc., les équations se simplifient et le théorème est toujours vrai ; donc aussi, *si du centre de gravité de plusieurs points matériels on décrit un cercle, la somme des carrés des distances de tous ces points à un même point du cercle est constante.*

Remarque importante.

Plusieurs théorèmes établis dans cet essai, nous ont servi à démontrer les centres de gravité des corps ; d'autres ont résolu le problème inverse. Il résulte de là qu'il existe une certaine liaison entre la surface ou le volume d'un corps et la position du centre de gravité de ce corps. Nous sommes même porté à croire qu'il existe un rapport constant entre la mesure d'un corps et la position de son centre de gra-

vité, c'est-à-dire entre la hauteur du centre de gravité au-dessus de la base, et la fraction par laquelle
il faut multiplier la base pour avoir la mesure du
corps. Voici ce que nous avons remarqué à cet
égard.

Si l'on écrit la série $1, \frac{1}{2}, \frac{1}{3}, \frac{1}{4}$ etc., et qui n'est autre
chose que l'unité et ses fractions successives, si un
terme de cette série est la fraction par laquelle il faut
multiplier le produit de la base par la hauteur pour
avoir la mesure, le terme suivant exprime la fraction
de la hauteur qui donne la hauteur du centre de gravité au-dessus de la base : par exemple, le triangle a
pour mesure sa base par la moitié de la hauteur, et
son centre de gravité est distant de la base du tiers de
la hauteur ; le volume de la pyramide triangulaire est
égal à la base par le tiers de la hauteur, et c'est le
quart de la hauteur qui donne la distance du centre
de gravité à la base : la même chose se vérifie pour le
parallélogramme, le parallélipipède, le prisme, etc.

De plus, la même analogie subsiste lorsque la mesure est le produit d'une fraction de la hauteur par
une fraction de la base ou des bases : ainsi, a et b
étant les bases d'un trapèze et h sa hauteur, on a pour
sa surface $s = \left(\dfrac{a+b}{1}\right)\dfrac{h}{2}$, et pour le centre de gravité $x = \dfrac{h}{3}\left(\dfrac{a+2b}{a+b}\right)$: on peut encore le vérifier
pour les troncs de pyramides et de prisme, etc.

Nous allons maintenant établir les principes sur
lesquels reposent les démonstrations des théorèmes
de Guldin, après cela nous examinerons les méthodes employées dans les ouvrages élémentaires.

Principe.

Supposons que la surface $aa'bcdd'$ tourne autour de l'axe pq; décomposons cette surface en S_x, S_y, S_z; appelons x, x', x'', etc., y, y', y'', etc., z, z', z'', etc., les distances à l'axe de leurs élémens, X, Y, Z, celles de leurs centres de gravité, m, m', m'', etc., le nombre des élémens : on aura (1) $x+x'+x''+$etc.$,=Xm$; $y+y'+y''+$etc. $=Ym'$; $z+z'+z''+$etc.$,=Zm''$, $\dfrac{S_x}{m}=\dfrac{S_y}{m'}$, $\dfrac{S_z}{m''}$ (2) : posons $S_x+S_y+S_z=S$, ajoutons les équations (1) et multiplions de part et d'autre par 2π et par $\dfrac{S}{m+m'+m''}$: il viendra

$$2\pi(x+x'+\text{etc.},+y+y'+\text{etc.},+z+z'+\text{etc.})\,\dfrac{S}{m+m'+m''}=$$
$$2\pi(Xm+Ym'+Zm'')\,\dfrac{S}{m+m'+m''};$$

or , le premier membre n'est autre chose que la surface génératrice multipliée par 2π $\left(\dfrac{x+x'+\text{etc.},+y+y'+\text{etc.},+z+z'+\text{etc.}}{m+m'+m''}\right)$, c'est-à-dire par la circonférence que décrit son centre de gravité; interprétons le deuxième membre; de l'équation (2) on conclut $\dfrac{S_x}{m}=\dfrac{S_y}{m'}=\dfrac{S_z}{m''}=\dfrac{S_x+S_y+S_z}{m+m'+m''}=\dfrac{S}{m+m'+m''}$; ainsi, à la place de ce dernier facteur on peut mettre chacun des trois autres ; par conséquent on peut remplacer les facteurs $2\pi Xm\,.\,\dfrac{S}{m+m'+m''}$,

$$2\pi\,Y m' \frac{S}{m+m'+m''},\ 2\pi\,Z m'' \frac{S}{m+m'+m''} \text{ par } 2\pi\,X m \frac{S_x}{m},$$

$$2\pi\,Y m' \frac{S_y}{m'},\ 2\pi\,Z m'' \frac{S_z}{m''};$$ c'est-à-dire que le deuxième membre n'est autre chose que $S_x \times 2\pi X + S_y \times 2\pi Z + {}+ S_z \times 2\pi Z$, ou bien la somme des surfaces partielles, chacune d'elles étant multipliée par la circonférence que décrit son centre de gravité; donc la somme des produits des surfaces partielles par les circonférences que décrivent leurs centres de gravité, est égale à la surface totale multipliée par la circonférence décrite par son centre de gravité.

Si le chemin parcouru n'était pas une circonférence, il suffirait de multiplier par le chemin parcouru au lieu de multiplier par 2π. Dans le cas où c'est un polygone qui tourne autour de l'axe, la démonstration est la même, seulement alors x, x', x'', y, y', y'' z, z', z'' représentent les distances à l'axe, des points d'intersection des côtés des polygones, et $X\ Y\ Z$ les distances à l'axe des milieux ou des centres de gravité de ces côtés, et S_x, S_y, S_z les côtés eux-mêmes. Donc aussi.

La somme des produits des côtés du polygone, par les chemins parcourus par leurs milieux ou leurs centres de gravité, est égale au contour du polygone multiplié par le chemin parcouru par son centre de gravité.

Ce sont les deux principes sur lesquels reposent les démonstrations du théorème de Guldin.

Examinons maintenant les méthodes employées dans les traités élémentaires de statique généralement adoptés pour l'enseignement.

Les traités de statique les plus estimés sont ceux de Monge et Poinsot. Ces deux ouvrages, qui diffèrent d'ailleurs sous beaucoup de rapports à cause de la belle théorie des couples due à ce dernier, sont à peu près identiques en ce qui concerne les centres de gravité : ces deux auteurs ont fait usage de la méthode connue sous le nom de *méthode des tranches*; seulement le deuxième a donné pour le triangle et la pyramide, qui sont les élémens de tous les autres corps, une deuxième démonstration fondée sur les séries, qui par conséquent ne peut être regardée comme élémentaire, et doit être considérée comme une confirmation des résultats obtenus par la première. Il semble d'après cela que M. Poinsot, tout en suivant la marche de ses prédécesseurs, a senti l'insuffisance de la première méthode, et la nécessité de détruire le doute qu'elle doit laisser dans l'esprit de l'élève. Examinons cette méthode.

Prenons le triangle pour exemple : on mène des lignes parallèles au côté pris pour base : deux de ces lignes infiniment rapprochées interceptent un trapèze qu'on assimile à un parallélogramme qui a son centre de gravité sur la ligne menée du sommet au milieu de la base. En menant une infinité de lignes parallèles à la base, le triangle sera décomposé en parallélogrammes, qui tous auront leurs centres de gravité sur cette ligne, qui par conséquent contiendra celui du triangle ; mais dire que deux lignes parallèles interceptent un parallélogramme, c'est amener ces lignes à se confondre en une seule, et considérer le triangle comme formé de tels parallélogrammes, c'est annuler le petit triangle au sommet ; en un mot, c'est considérer la surface d'un triangle comme composée de lignes : ce qui est absurde, en opposition avec toutes les notions acquises jusque-là. Un raisonnement analogue s'applique à la pyramide. Du reste, Monge ne cherche même pas à voiler le vice de cette méthode comme nous l'avons fait : il considère le triangle et la pyramide comme composés d'élémens parallèles et semblables à la base. En admettant de pareilles méthodes en géométrie, on pourrait regarder comme évidens la plupart des théorèmes qu'on établit avec beaucoup de peine sur tout ce qui est relatif aux volumes : ainsi, une simple décomposition nous amènerait à conclure qu'un prisme est égal à sa base par la hauteur ; mais on voit que cette conclusion serait fausse dans le cas de la pyramide ; du reste, nous allons montrer combien une telle méthode est dangereuse pour l'élève peu familier avec la statique.

Si du sommet C d'un triangle on mène des lignes à tous les points de la base ab, le triangle sera décomposé en une infinité de petits triangles qui seront sensiblement des lignes droites ; ainsi le centre de gravité de leur système ou du triangle donné se trouvera sur la ligne de qui les divise en deux parties égales ; il se trouvera de même sur fe, f étant le milieu de ab dont il sera au point e, résultat absurde. Notre raisonnement est faux ; mais beaucoup d'élèves ne s'apercevront pas qu'il pèche, en ce que nous composons le point C avec chaque point de la base.

Considérons maintenant un cône droit : d'après les définitions géométriques, il est engendré par un triangle rectangle tournant autour d'un des côtés de l'angle droit; tandis que l'hypoténuse engendre sa surface; d'après cela, cette surface peut être considérée comme composée de génératrices; ainsi son centre de gravité est celui du contour de la section parallèle à la base, et faite par le milieu de l'axe, c'est-à-dire au milieu de l'axe, ce qui est faux.

De même le volume est formé d'une infinité de triangles générateurs; ainsi le centre de gravité de ce volume est le même que celui du contour du cercle qui passe par les centres de gravité de tous ces triangles, c'est-à-dire au tiers de l'axe à partir de la base, ce qui est encore faux. On parviendrait au même résultat en faisant une infinité de sections suivant l'axe.

M. Garnier et autres ont employé une méthode qui n'est autre chose que la précédente présentée différemment.

En effet, pour le triangle, par exemple, après avoir mené une ligne du sommet au milieu de la base, le triangle se trouve divisé en deux autres qui ont même hauteur et des bases égales, par conséquent équivalant en surface ou composé d'un même nombre de points matériels, tels qu'en en prenant un dans un triangle, il en existe un semblablement placé dans l'autre par rapport à la ligne de construction sur une parallèle à la base. Ainsi chacun de ces systèmes ayant son centre de gravité sur la ligne menée du sommet au milieu de la base, cette dernière contient le centre de gravité du triangle; or, qui ne voit pas que cela revient tout-à-fait à diviser la surface en élémens parallèles à la base ; néanmoins ce mode nous paraît préférable.

Quelques auteurs ont voulu comme nous éviter ces considérations, et ont fait usage de l'absurde ; nous pensons qu'on ne doit employer ce genre de démonstration qu'avec beaucoup de réserve, comme étant tout-à-fait en opposition avec l'esprit de recherche.

Enfin, M. *Biot*, dans son traité récent de statique, ne suit pas une méthode uniforme ; quand il n'emploie pas les limites, il a recours à l'absurde ou à des transformations de figures ; nous avons parlé des deux premiers moyens ; quant à ce dernier, outre qu'il entraîne dans de grandes longueurs, il repose sur des idées de transformations difficiles à saisir, peu élémentaires, et auxquelles l'élève est encore tout-à-fait étranger.

NOTES.

GÉOMÉTRIE.

THÉORÈME.

Deux pyramides triangulaires de même hauteur et de bases équivalentes sont équivalentes.

En effet, si on coupe chaque pyramide par un même nombre de plans parallèles aux bases et également distans deux à deux, ces plans détermineront dans chaque pyramide un même nombre de sections qui seront équivalentes deux à deux. Cela posé, si dans la première pyramide on construit des prismes tels que chacun d'eux ait l'une des sections y compris la base pour base inférieure ; et si dans la deuxième on construit des prismes tels que chaque section soit la base supérieure de l'un d'eux, le nombre des prismes sera le même dans les deux pyramides, et ils seront équivalens deux à deux, excepté celui à la base de la première, et celui au sommet de la deuxième : donc la différence des deux sommes des prismes sera la même que celle de ces deux prismes, et elle sera plus petite que toute quantité assignée, puisqu'on peut prendre la hauteur de chaque prisme aussi petite que l'on veut, et qu'ainsi chacun des prismes peut être plus petit que toute quantité assignée et à *fortiori* leur différence.

De plus, la première pyramide est plus petite que la somme de ses prismes, et le contraire a lieu pour la deuxième, ce qui montre que la différence des deux pyramides est moindre que celle des deux sommes de prismes ; or, cette dernière est moindre que toute quantité donnée, donc celle des deux pyramides est nulle. Donc, etc.

Actuellement, si on construit sur une pyramide triangulaire donnée un prisme triangulaire de même base et de même hauteur, ce prisme le décompose en trois pyramides triangulaires de même hauteur et de bases équivalentes, dont la pyramide en question fait partie ; cette dernière est donc un tiers du prisme : Le prisme a pour mesure sa base par sa hauteur : *donc la pyramide triangulaire a pour mesure le tiers du produit de sa base par sa hauteur.*

THÉORÈME.

Le volume d'une pyramide triangulaire a pour mesure le produit de sa base par sa hauteur.

Faisons passer par le milieu d de l'une des arêtes sa un plan def parallèle à la base abc, et par le point e milieu de sb conduisons un autre plan egh parallèle à la face sac. Nous détacherons ainsi deux

Fig. 18.

pyramides *sdef, egbh,* dont les arêtes sont moitié de celles de la première. Le tronc qui reste se décompose en un prisme triangulaire *defgai,* ayant pour mesure *agi* $\times$ *ko* (*so* étant la hauteur), ce qui revient $\frac{1}{2}$ *so* $\times$ $\frac{1}{4}$ *abc* $=$ $\frac{1}{8}$ *so* $\times$ *abc*, et en un autre prisme triangulaire *cifhge,* qui, étant la moitié du parallélipipède *gl,* a pour mesure *ko* $+$ $\frac{1}{4}$ *abc* $=$ $\frac{1}{8}$ *so* $\times$ *abc*, en sorte que la somme de ces deux prismes vaut *so* $+$ $\frac{1}{4}$ *abc.*

Cela posé, la solidité de la pyramide étant représentée par $\frac{m}{n} \times$ *so* $\times$ *abc,* $\frac{m}{n}$ ne peut pas être plus grand ni plus petit qu'un tiers ; prouvons donc que $\frac{m}{n}$ ne peut pas être égal à $\frac{1}{3} + k$, quelque petite que soit la quantité *k.*

Si du produit $\frac{m}{n} \times$ *so* $\times$ *abc,* on retranche $\frac{1}{4}$ *so* $\times$ *abc,* le reste est le double de la pyramide dont les arêtes sont sous-doubles de celles de *sabc* et comme *so* $=$ *2sk* et que *abc* $=$ 4 *def,* il s'ensuit que *so* $\times$ *abc* $=$ 8 *sk* $+$ *dfe,* ce qui fait que le double de la pyramide *sdef* est égal à

$$\frac{m}{n}\, 8\, sk \times def - \frac{1}{4}\, 8.\, sk \times def,$$

Son volume est donc

$$\frac{4m}{n}.\, sk \times dfe - sk \times dfe = \left(\frac{4m}{n} - 1 \right) sk \times dfe.$$

Ainsi de ce que la solidité de la première pyramide est une partie $\frac{m}{n}$ du produit de sa base par sa hauteur, la solidité de la pyramide, dont les arêtes sont sous-doubles, est la partie $\dfrac{4m}{n} - 1$ de sa base par sa hauteur. Maintenant, puisque $\dfrac{4m}{n} - 1$ est le quadruple de la fraction $\dfrac{m}{n}$ moins l'unité, la solidité de la pyramide, dont les arêtes sont sous-doubles de celles de *sdef*, ou quatre fois plus petites que celles de *sabc*, est une partie du produit de sa base par sa hauteur représentée par $\dfrac{4^2 m}{n} - 4 - 1$, et par suite la solidité de la pyramide, dont les arêtes sont 2^p fois plus petites que celles de *sabc*, est une partie du produit de sa base par sa hauteur représentée par

$$\frac{4^p m}{n} - 4^{p-1} - 4^{p-2} \dots - 4 - 1,$$

et comme la partie négative est égale à

$$\frac{4^p - 1}{4 - 1} = \frac{4^p - 1}{3},$$

on a

$$\frac{4^p m}{n} - 4^{p-1} - \dots - 1 = \frac{4^p m}{n} - \frac{4^p - 1}{3}.$$

Mais on doit avoir

$$\frac{4^p m}{n} - \frac{4^p - 1}{3} < \frac{1}{2} > \frac{1}{4},$$

dans le premier cas on a

$$\frac{4^p m}{n} < \frac{4^p}{3} - \frac{1}{3} + \frac{1}{2} < \frac{4^p}{3} + \frac{1}{6},$$

et en divisant chaque membre de cette inégalité par 4^p, il vient

$$\frac{m}{n} < \frac{1}{3} + \frac{1}{6.4^p},$$

et comme p peut être aussi grand que l'on veut, il en résulte que $\frac{1}{6.4^p}$ peut être plus petit que k, ainsi $\frac{m}{n}$ est plus petit que $\frac{1}{3} + k$: d'un autre côté de

$$\frac{4^p m}{n} - \frac{4^p - 1}{3} > \frac{1}{4},$$

on déduit

$$\frac{4^p m}{n} > \frac{4^p}{3} - \frac{1}{3} + \frac{1}{4} > \frac{4^p}{3} - \frac{1}{12},$$

et en divisant les deux membres de l'inégalité par 4^p, on en déduit

$$\frac{m}{n} > \frac{1}{3} - \frac{1}{12.4^p},$$

on voit encore ici que $\frac{1}{12,4^p}$ peut être plus petit que k, d'où il suit que $\frac{m}{n}$ est plus grand que $\frac{1}{3} - k$, ce qu'il fallait démontrer. Donc, etc.

ALGÈBRE.

Racine cubique.

On sait que l'extraction de la racine carrée d'un nombre entier peut toujours se changer en division quand on a obtenu la moitié des chiffres de la racine. Nous allons démontrer que lorsqu'on a obtenu plus de la moitié des chiffres d'une racine cubique, on peut de même changer l'extraction en division, et obtenir l'autre partie de la racine en divisant le nombre donné moins le cube de la partie obtenue par le triple carré de cette même partie.

Soit A le nombre donné, a la partie obtenue de la racine, b l'autre partie,

$$A = (a+b)^3 = a^3 + 3a^2b + 3b^2a + b^3,$$

d'où l'on tire

$$\frac{A - a^3}{3a^2} = b + \frac{3b^2a + b^3}{3a^2},$$

il suffit donc de prouver que

$$\frac{3b^2a + b^3}{3a^2} < 1;$$

or, cette quantité peut se mettre sous la forme de

$$\frac{b^2}{a}\left(1 + \frac{b}{3a}\right):$$

de plus, en supposant les chiffres de b les plus forts possibles, $b + 1$ ne pourra jamais donner la moitié des chiffres de a, ou bien ce sera l'unité suivie de zéros, puisque a peut être considéré comme ayant autant de chiffres que la racine : $b + 1$ élevé au carré sera donc tout au plus égal à a ; ainsi on a

$$(b+1)^2 = b^2 + 2b + 1 = \text{ou} < a,$$

ou

$$\frac{b^2}{a} = < 1 - \frac{2b+1}{a} \quad \text{et par suite} \quad \frac{b^2}{a} < 1 - \frac{b}{a},$$

d'après cela

$$\frac{b^2}{a}\left(1 + \frac{b}{3a}\right) < \left(1 + \frac{b}{3a}\right)\left(1 - \frac{b}{a}\right) < 1 - \frac{b}{a} + \frac{b}{3a} - \frac{b^2}{3a^2} < 1,$$

puisque $\frac{b}{3a} < \frac{b}{a}$: ce qu'il fallait démontrer. Donc, etc.

BINOME DE NEWTON

Lorsqu'on élève un binome à une puissance quelconque, et que l'on ordonne cette puissance par rapport au premier terme du binome, on trouve, 1° que dans chaque terme l'exposant du premier terme du binome est égal à la puissance de ce binome diminuée du nombre de termes qui précèdent celui que l'on considère ; 2° que le deuxième terme du binome est élevé à la puissance marquée par le nombre de termes précédens ; 3° que son coefficent est égal à celui du terme précédent multiplié par l'exposant que le premier terme du binome a dans ce terme précédent, ce produit étant divisé par le nombre de termes qui précèdent celui dont on forme le coefficient : ainsi, si on élève le binome $x + a$ à la puissance m, on trouve :

$$(x+a)^m = x^m + max^{m-1} + \frac{m(m-1)}{2} a^2 x^{m-2} + \text{etc.}$$

Pour démontrer cette formule, quelle que soit la puissance du binome $(x + a)$ (m étant entier et positif), il suffit de prouver que de ce qu'elle est vraie pour une puissance indéterminée numériquement, elle l'est aussi pour cette puissance augmentée d'une unité, car $(x + a)^2 = x^2 + 2\,ax + a^2$; ainsi la règle se trouvant vérifiée pour la deuxième puissance, elle s'étendra à toutes les autres.

Je suppose donc qu'elle soit vraie pour la puissance m de $x + a$, en prenant trois termes successifs et de rang indéterminé de cette puissance, le premier étant $pa^n x^{m-n}$, les deux autres seront visiblement

$$p\left(\frac{m-n}{n+1}\right)a^{n+1} x^{m-n-1},\quad p\left(\frac{m-n}{n+1}\right)\left(\frac{m-n-1}{n+2}\right)a^{n+2}x^{m-n-2};$$

or, en multipliant la puissance m par $x + a$ pour avoir la puissance $m+1$, les seuls termes du produit que renfermeront la puissance $m - n$ de x, proviendront de $pa^n x^{m-n} \times a$, et de

$$p\left(\frac{m-n}{n+1}\right)a^{n+1} x^{n-m-1} \times x,$$

et ces deux termes se réduisent à

$$p\left(\frac{m+1}{n+1}\right)a^{n+1} x^{m-n};$$

de même les deux termes du produit qui renfermeront x^{m-n-1}, seront donnés par

$$p\left(\frac{m-n}{n+1}\right) a^{n+1} x^{m-n-1} \times a,$$

et

$$p\left(\frac{m-n}{n+1}\right)\left(\frac{m-n-1}{n+2}\right) a^{n+2} \times x^{m-n-2} \times x;$$

ces deux termes se réduisent à

$$p\left(\frac{m-n}{n+1}\right)\left(1+\frac{m-n-1}{n+2}\right)a^{n+1}x^{m-n-1}$$

$$= p\left(\frac{m-n}{n+1}\right)\left(\frac{m+1}{n+2}\right)a^{n+1}x^{m-n-1}$$

$$= p\left(\frac{m+1}{n+1}\right)\left(\frac{m-n}{n+2}\right)a^{n+1}x^{m-n-1},$$

en voit que ces deux termes résultans sont deux termes consécutifs quelconques de la puissance $m+1$, et qu'ils se déduisent l'un de l'autre d'après la règle énoncée, ce qu'il fallait démontrer. Donc, etc.

Il est évident que pour avoir le développement de $(x-a)^m$, il faut dans celui de $(x+a)^m$ changer les signes des termes de rang pair : s'il s'agissait de $(a-x)^m = (-x+a)^m$, il faudrait changer les signes des termes de rang pair ou impair selon que m est pair ou impair : enfin $(-x-a)^m = -(x+a)^m = -1^m(x+a)^m$, ce qui indique que pour avoir le développement dont il s'agit, il suffit d'obtenir celui de $(x+a)^m$ lorsque m est pair, et que lorsque m est impair, on passe du développement de $(x+a)^m$ à celui de $(-x-a)^m$ en changeant les signes de tous les termes.

Le coefficient général du binome est un nombre entier.

En effet, la série générale de n termes étant

$$\frac{m\,(m+1)\,(m+2)\,(\ldots\ldots)\,m+n-1)}{1.2.3\ldots\ldots\ldots n},$$

il suffit de prouver qu'un facteur premier quelconque du dénominateur est autant de fois facteur dans le numérateur que dans le dénominateur : d'abord, il est évident que ce facteur premier est un des termes du dénominateur ; soit p ce facteur, il est précédé de $p-1$ termes et ne peut être supérieur à n, divisons m par p, appelons q le quotient et r le reste : si à m j'ajoute $p-r$, le résultat $m+p-r$ est divisible par p, se trouve dans le numérateur, et de plus il y a au moins autant de termes entre $m+p-r$ et $m+n-1$ qu'entre p et n, puisque dans le cas le plus défavorable où $r=1$, ce terme est le facteur du numérateur correspondant à p : supposons que le dénominateur renferme p, $2p$...... $n'p$, $n'p$ étant le plus fort multiple de p. $m+p-r$ étant divisible par p, il en est de même de $m+2p-r$, $m+3p-r$......... $m+n'p-r$, il suffit donc de faire voir que tous ces facteurs font partie de la série du numérateur, ou bien que $m+n'p-r$ ne peut pas être supérieur à $m+n-1$, ce qui est évident, car $n'p < n$ et r ne saurait être inférieur à 1.

Cependant il pourrait arriver que $r=0$, mais alors m divise p, et il suffit de prouver que le numérateur renferme les facteurs m, $m+p$, $m+2p$.... $m+(n'-1)p$ ou que $m(n'-1)p$ est inférieur à $m+n-1$, ce qui a lieu puisque $n'p < n$.

Nous allons démontrer maintenant que la formule du binome s'applique aux cas où m n'est pas un nombre entier positif.

Soient

$$x^m + max^{m-1} +......+ a^m, \quad x^n + nax^{n-1} -......+ a^n,$$

deux polynomes fonctions de x et de a, et développés suivant la formule du binome dans le cas où m et

n sont entiers : si on les multiplie, la forme du produit sera la même, quels que soient m et n ; or, lorsque m et n sont entiers, le premier polynome devient $(x + a)^m$, et le deuxième $(x + a)^n$, et leur produit $(x + a)^{m+n}$; il en serait de même si l'on multipliait un plus grand nombre de polynomes : ainsi, pour former leur produit, il suffit de remplacer l'indice du premier par cet indice augmenté de la somme de tous les autres ; si l'on suppose tous ces polynomes égaux entre eux, alors le produit deviendra une puissance de l'un d'eux marquée par leur nombre ; ce qui montre que pour élever un de ces polynomes à une puissance, il faut remplacer son indice par ce même indice multiplié par le degré de la puissance ; et par suite pour en extraire une racine, il faut diviser son indice par le degré de la racine : mais, lorsque m est entier, le premier polynome est

$(x + a)^m$, et sa racine p est $(x + a)^{\frac{m}{p}}$: ainsi $(x + a)^{\frac{m}{p}}$ n'est autre chose que ce que devient le développement de $(x + a)^m$, quand on remplace m par $\frac{m}{p}$:

donc $(x + a)^{\frac{m}{p}}$ se développe comme $(x + a)^m$, donc la règle est applicable à l'exposant fractionnaire et positif.

De même que pour former le produit de deux polynomes, il faut augmenter l'indice du premier de celui du deuxième ; de même pour diviser deux polynomes, il faut remplacer l'indice du premier par la différence des indices. Mais si l'un est $(x + a)^m$ et l'autre $(x + a)^{2m}$, le quotient du premier par le deuxième est $(x + a)^{-m}$, ainsi $(x + a)^{-m}$ n'est autre chose que ce que devient $(x + a)^m$ en remplaçant m par $m - 2m$ ou par $-m$; de plus m est ici entier ou fractionnaire, donc la formule est encore applicable à un exposant négatif entier ou fractionnaire.

Dans la formule du binome à exposant positif, on a toujours $m > n$ (m étant la puissance et n le nombre des termes), car dans cette formule qui est finie m est constant et n variable, et la plus grande valeur que l'on puisse donner à n est $n = m$, car dans le terme général, si l'on fait $n = m + 1$, ce terme est nul; mais si l'exposant est négatif, il arrive qu'après un certain nombre de termes n devient plus grand que m, car m étant constant et n variable, et la formule étant infinie, il arrivera nécessairement que n deviendra plus grand que m.

Cette remarque donne lieu à une simplification dans le terme général; en effet, prenons le terme général

$$\frac{m\,(m+1)\,(m+2)\,(\ldots\ldots)\,(m+n-1)}{1.2.3\ \ldots\ldots\ n},$$

lorsque n est plus grand que m, il se change évidemment en

$$\frac{m\,(m+1)\,(m+2)\,(\ldots\ldots) \times n\,(n+1)\,(n+2)\,(\ldots\ldots)\,(n+m-1)}{1.2.3\ \ldots\ldots\ m-1 \times m\,(m+1)\,(m+2)\,(\ldots\ldots)\,(n)},$$

d'où en supprimant les facteur communs aux deux termes, il vient

$$\frac{n\,(n+1)\,(n+2)\,(\ldots\ldots)\,(n+m-1)}{1.2.3\ \ldots\ldots\ (m-1)},$$

résultat remarquable.

Nous avons vu que dans le cas où l'exposant est un nombre entier positif, le coefficient général du binome est un nombre entier : de plus, lorsque cet exposant est un nombre premier, le coefficient général est un multiple de l'exposant, en effet :

Le terme général étant

$$\frac{m\,(m-1)\,(m-2)\,(\dots\dots)\,(m-n-1)}{1.2.3\,\dots\dots\dots\,n},$$

et m étant un nombre premier, il s'ensuit que m est premier avec chacun des facteurs du dénominateur par suite avec leur produit : nous savons en outre que le coefficient général est un nombre entier, ce qui exige que le facteur

$$\frac{(m-1)\,(m-2)\,(\dots\dots)\,(m-n-1)}{1.2.3\,\dots\dots\dots\,n},$$

soit lui-même entier, ce qui revient à dire que le terme général est un multiple de m.

La formule du binome peut être mise sous la forme de

$$x^m\left\{1+m\,\frac{a}{x}+m\,\frac{(m-1)}{2}\,\frac{a^2}{x^2}+\dots\dots\right\}:$$

cette série peut être employée à obtenir les racines des nombres par approximation.

Il faut prouver pour cela que la série est convergente, c'est-à-dire que les termes vont en diminuant ; or, dans ce cas $x > a$ et $m < 1$ par suite $\frac{a}{x} < 1$,

$m < 1$, il suffit donc de démontrer qu'un facteur quelconque de la forme

$$\frac{m-n+1}{n} < 1,$$

et en effet : soit $m = \dfrac{p}{q}$, alors

$$\frac{m-n+1}{n} = \frac{p-qn+q}{qn} = \frac{p}{qn} - \frac{(n-1)}{n} :$$

d'après cela les coefficients de la forme m, $\dfrac{m(m-1)}{2}$ etc.,

deviennent.

$$1, \frac{p}{q}, \frac{p}{q} \times \frac{\frac{p}{q}-1}{2}, \text{etc.};$$

ou

$$1, \frac{p}{q}, \frac{p}{q} \times \frac{p-q}{2q}, \frac{p}{q} \times \frac{p-q}{2q} \times \frac{p-2q}{3q}, \text{etc.},$$

cc qui montre que la série est convergente, et que chaque coefficient est égal à celui qui le précède, multiplié par le numérateur de l'exposant, diminué d'autant de fois le dénominateur qu'il y a de termes moins un qui le précèdent, et divisé par ce dénominateur pris autant de fois qu'il y a de termes qui le précèdent : dans l'extraction des racines $p = 1$.

De la formule du binome on déduit sans difficulté

$$2^m = 1 + m + m\left(\frac{m-1}{2}\right) + \text{etc.}$$

D'après cela m étant le nombre des diviseurs simples d'un nombre, le nombre de ses diviseurs composés est $2^m - (m+1)$, résultat remarquable.

De même m étant le nombre des facteurs premiers d'un nombre donné, on prouve sans difficulté que $\dfrac{2^m}{2} = 2^{m-1}$ représente le nombre de manières de décomposer ce nombre en deux facteurs premiers entre eux.

Enfin une autre conséquence de cette formule, c'est que $x^m - a^m$ est divisible par $x - a$.

RÈGLE DE DESCARTES.

Une équation a au moins autant de variations que de racines positives, et autant de permanences que de racines négatives.

Soit $X = x^m + A x^{m-1} + \ldots\ldots + k = o$ l'équation générale du degré m et ordonnée suivant les puissances décroissantes de x : pour démontrer la première partie du théorème, il suffit de faire voir que si l'on multiplie le premier membre de l'équation par un facteur $x - a$, le produit renfermera au moins une variation de plus.

En effet : px^{m-n}, qx^{m-n-1} étant deux termes d'une variation et de rang indéterminé ; si l'on effectue le produit indiqué, le premier terme sera x^{m+1} et les seuls termes de ce produit qui renfermeront x^{m-n} seront $px^{m-n} \times (-a)$ et $qx^{m-n-1} \times x$: ces deux termes se réduisent à un seul $(q-ap) x^{m-n}$; or q et p étant de signes contraires, il en résulte que $(q - ap)$ est de même signe que q : d'après cela, le premier terme du produit est de même signe que le premier terme du polynome donné ; et de plus, chaque terme de ce produit qui correspond au dernier terme d'une variation est de même signe que ce terme : d'où l'on conclut déjà que parmi les termes du produit qui correspondent à ceux du polynome donné, il y a au moins autant de variations que dans ce dernier : mais en outre le produit renferme un terme de plus $- ak$ provenant de $k \times (-a)$ et qui est de signe contraire à k, ce qui introduit une variation de plus, puisque le terme précédent est de même signe que le dernier terme k de l'équation donnée. Donc, etc.

On démontrerait d'une manière analogue qu'en multipliant l'équation donnée par un facteur de la forme $(x + a)$, on introduit au moins une permanence de plus, ce qui établit la deuxième partie du théorème.

La règle précédente fournit le moyen de reconnaître dans plusieurs cas si une équation renferme des racines imaginaires.

1° Une équation a des racines imaginaires si elle manque de certains termes, et si en même temps les deux équations qu'on obtient en mettant $+ o$ et $- o$ à la place des termes qui manquent, n'ont pas le même nombre de variations et de permanences, ce qui a toujours lieu lorsqu'un terme nul est compris entre deux autres de même signe; ou lorsque deux termes consécutifs sont nuls.

2° Soit $X = o$ l'équation donnée et $X' = o$ celle qui a pour racines les racines de la première prises avec des signes contraires : le nombre de variations de X est la limite supérieure du nombre des racines positives de cette équation, et le nombre des variations de X' est la limite du nombre des racines négatives de X : ainsi, lorsque le nombre total des variations de X et X' est moindre que le degré de $X = o$, cette équation a des racines imaginaires; il en est évidemment de même à l'égard du nombre total de permanences des deux équations.

D'un autre côté les variations ne pouvant appartenir qu'à des racines positives ou imaginaires , et les permanences à des racines négatives ou imaginaires. il s'ensuit encore que l'équation $X = o$ aura des racines imaginaires si le nombre total de variations ou de permanences des deux équations $X = o$ $X' = o$ surpasse le degré de $X = o$: l'on peut encore assurer qu'une équation n'a pas de racines imaginaires lorsque son degré diminué du nombre des racines réelles donne un nombre impair.

Plus généralement une équation ne peut pas avoir une seule espèce de racines imaginaires égales , puisque lorsqu'une équation renferme n fois une racine $a + b \sqrt{-1}$, elle renferme aussi n fois $a - b \sqrt{-1}$: en retenant bien cette dernière observation, on peut conclure qu'une équation ne peut pas avoir un nombre impair d'espèces de racines égales imaginaires ni un nombre pair d'espèces, à moins que chacune de ces racines n'entre le même nombre de fois , au moins dans deux espèces différentes. D'après cela , 1° une équation du troisième degré ne peut pas avoir des racines imaginaires égales ; 2° une équation du quatrième degré ne peut pas en avoir, à moins qu'elle ne soit un carré ; 3° une équation du cinquième degré ne peut en avoir que dans le cas où elle en a de deux espèces, chacune d'elles y entrant deux fois et pas du tout si elle est débarrassée de ses racines commensurables ; 4° une équation du sixième degré ne peut avoir que deux espèces de racines imaginaires égales, chacune y entrant trois fois et alors elle est un carré ou de deux espèces chacune y entrant deux fois ; 5° une équation du septième degré ne peut avoir que deux espèces de racines imaginaires égales chacune d'elles y entrant deux fois ou trois fois, et elle ne peut pas rentrer dans le premier cas lorsqu'on suppose l'absence des racines commensurables ainsi de suite.

De ce que l'équation au carré des différences n'a que des permanences, il ne s'ensuit pas que l'équation donnée n'a pas de racines réelles ; mais on peut évidemment conclure de cette circonstance qu'elle ne peut en avoir qu'une et négative ; ainsi dans le cas où l'équation sera de degré pair et aura son dernier terme positif, toutes ses racines seront imaginaires.

GÉOMÉTRIE ANALYTIQUE.

Lignes du deuxième degré.

Lorsqu'on suppose que x et y désignent les coordonnées d'un point par rapport à deux axes donnés de position , l'équation la plus générale du premier degré à deux inconnues x et y détermine une infinité de points situés sur une ligne droite; et réciproquement si des points sont en lignes droites , la relation entre les coordonnées x, y de l'un de ces points est une équation du premier degré entre x et y : d'après cela une équation $f(x, y) = o$, qui n'est pas du premier degré , détermine une série de points qui, ne pouvant être en ligne droite , forment une ligne courbe, lieu géométrique de cette équation. Le degré de l'équation détermine le degré de la ligne : sous ce point de vue, les lignes déterminées par une équation du deuxième degré sont des lignes du deuxième degré ou des courbes du premier ordre.

Toute droite qui coupe une courbe se nomme une *sécante*. Lorsqu'une droite rencontre une courbe en deux points, la partie de cette droite comprise dans la courbe est une *corde*. La ligne qui passe par les milieux d'une infinité de cordes parallèles est un *diamètre*. Le *centre* est un point où toutes les cordes qui passent par ce point sont divisées en deux parties égales. Quand les deux points d'intersection d'une droite avec une courbe se réunissent en seul, la droite est *tangente* à la courbe, et ce point se nomme *point de tangence*.

Deux lignes sont *asymptotes* l'une de l'autre, lorsque, ne pouvant se rencontrer qu'à l'infini, elles se rapprochent constamment de manière que leur distance peut devenir moindre que toute quantité donnée.

On appelle *foyer* d'une courbe un point tel que sa distance à un point quelconque de cette courbe, est une fonction rationnelle et finie de l'abscisse.

Deux droites menées d'un point quelconque d'une courbe aux extrémités d'un même diamètre se nomment *cordes supplémentaires*.

Enfin on appelle *diamètres conjugués* des diamètres tels que chacun d'eux divise en deux parties égales les cordes parallèles à l'autre.

Cela posé, dans ce qui va suivre nous supposerons que l'on sait que $B^2 - 4Ac < o$ est le caractère de l'*ellipse*, $B^2 - 4Ac = o$ celui de la *parabole* et $B^2 - 4Ac > o$ celui de l'*hyperbole*, et que l'on connaît en outre les variétés de la courbe dans ces trois cas.

Discussion de l'équation générale du deuxième degré à deux indéterminées.

L'équation générale du deuxième degré est

$$Ay^2 + Bxy + Cx^2 + Dy + Ex + F = 0,$$

en la résolvant par rapport à y, il vient

$$y = -\frac{Bx+D}{2A} \pm \frac{1}{2A} \sqrt{(B^2-4AC)x^2+2(BD-2AE)x+D^2-4AF}.$$

Cette valeur se compose d'une partie rationnelle $y = -\dfrac{Bx+D}{2A}$ et d'une partie radicale ; si dans la partie rationnelle on remplace x par une valeur quelconque, on aura la valeur correspondante de y qui appartient à $y = -\dfrac{Bx+D}{2A}$, et pour passer de cette ordonnée à celle de la courbe, il suffira d'ajouter et de retrancher de la première la quantité radicale : à la même abscisse correspondent donc deux ordonnées de la courbe, et de plus l'extrémité de l'ordonnée $y = -\dfrac{Bx+D}{2A}$ est également éloignée des extrémités des deux ordonnées de la courbe, et divise par suite en deux parties égales les lignes parallèles à l'axe des y qui joignent deux points correspondans de la courbe ; si dans la partie $y = -\dfrac{Bx+D}{2A}$ on donne à x différentes valeurs, les extrémités des ordonnées correspondantes jouiront de la même propriété : or, les extrémités de ces ordonnées sont sur la même ligne droite, dont l'équation est $y = -\dfrac{Bx+D}{2A}$: ainsi cette ligne est un diamètre, car elle divise en deux parties égales toutes les cordes parallèles à l'axe des y ; on voit en outre que ce diamètre divise la courbe en deux parties symétriques.

Au lieu de chercher les courbes données par l'équation générale, voyons dans quel cas elle n'en donne pas. Cela aura évidemment lieu lorsque la quantité sous le radical sera négative ; or, on peut la mettre sons la forme

$$\sqrt{(B^2-4AC)\left(x^2+2\left(\frac{BD-2AE}{B^2-4AC}\right)x+\frac{D^2-4AF}{B^2-4AC}\right)},$$

et elle remplira la condition exigée si B^2-4AC étant négatif, la quantité entre parenthèses est positive pour toutes les valeurs de x, ce qui exige que ses racines soient imaginaires : en égalant cette dernière à zéro, il vient

$$x=-\frac{BD-2AE}{B^2-4AC}\pm\sqrt{\left(\frac{BD-2AE}{B^2-4AC}\right)^2-\frac{D^2-4AF}{B^2-4AC}},$$

pour que ces racines soient imaginaires, il faut que la quantité sous le radical soit négative, c'est-à-dire que D^2-4AF soit négatif ou de même signe que B^2-4AC, et que de plus on ait

$$(B^2-4AC)(D^2-4AF)>(BD-2AE)^2,$$

puisque le dernier membre de cette inégalité est toujours positif : en effectuant il vient, toutes réductions faites,

$$4A(AE^2+CD^2+FB^2-BDE-4ACF)<o\ (1):$$

telle est la condition pour que l'équation ne représente pas de courbe ; on aurait pu résoudre l'équation par rapport à x ; la valeur de x se déduit de celle de y en changeant A en C et D en E, en sorte qu'elle est

$$x = -\frac{By+E}{2C} \pm \frac{1}{2C}\sqrt{(B^2-4AC)y^2+2(BE-2CD)y+E^2-4CF}.$$

On voit comme précédemment que la partie rationnelle est un diamètre, et que sous le radical le coefficient du carré de la variable n'a pas changé ; cette valeur présente donc les mêmes circonstances que la première, et l'on trouverait, par une analyse entièrement semblable à la précédente, que l'équation ne représente pas de courbe lorsqu'on a

$$(2)\quad 4C\,(AE^2+CD^2+FB^2-BDE-4ACF) < 0,$$

dans cette inégalité et dans (1) la quantité entre parenthèses est la même : en la représentant par p il vient $4Ap < 0$, $4Cp < 0$ quantités qui ne diffèrent que par A et C.

Comme nous le savons $B^2 - 4AC < 0$ est le caractère de l'ellipse, ce qui exige que A et C soient de même signe : ainsi les radicaux des valeurs de x et y sont réels ou imaginaires en même temps ; pour qu'ils soient réels il faut que $4Ap$ et $4Cp$ soient positifs, il faut donc aussi que p soit positif. Cette analyse montre que la courbe ne peut exister sans couper ses deux diamètres, que si elle n'a pas d'intersection avec l'un, elle n'en aura pas avec l'autre et n'existera pas.

Il résulte du caractère de l'ellipse qu'on peut avoir $B = 0$ pourvu que A et C soient de même signe, alors les diamètres sont parallèles aux axes : de plus, ils ne peuvent être à angle droit qu'autant que B est nul , car autrement les équations de ces diamètres étant $y = -\dfrac{B x + D}{2 A}$, $y = -\dfrac{2 C x + E}{B}$ on aurait

pour condition de leur perpendicularité $\dfrac{2 B C}{2 B A} + 1 = 0$, d'où $A = -C$ et la condition $B^2 - 4 AC < 0$ ne serait plus remplie. On peut démontrer cela d'une autre manière, en effet : en prenant l'angle des diamètres dans le cas des axes rectangulaires on trouve facilement pour l'expression de cette tangente $\dfrac{B^2 - 4 AC}{2 B (A + C)}$, et dans le cas de l'ellipse cette tangente ne peut être infinie que pour $B = 0$.

Si l'on avait $B^2 - 4 AC = 0$ qui est le caractère de la parabole, la tangente serait nulle; il résulte de là que dans la parabole tous les diamètres sont parallèles; la condition $B^2 - 4 AC = 0$ peut être satisfaite pour $B = 0$ et $A = 0$ ou $C = 0$, et alors la tangente affecte la forme $\frac{0}{0}$, résultat qui n'est point contradictoire avec le précédent, puisque zéro peut être égal à l'indéterminé.

Lorsque $B^2 - 4 AC > 0$ l'équation représente une hyperbole; or, le caractère hyperbolique peut avoir lieu pour $B = 0$, ce qui exige que A et C soient de lignes contraires : alors les diamètres sont à angle droit; avec $B = 0$ on peut avoir $A = -C$, alors les diamètres sont encore à angle droit, et la courbe est une hyperbole équilatère comme on le verra; le caractère hyperbolique serait encore compatible avec les hypothèses $A = 0$ ou $C = 0$ et $C = B$ ou $A = B$, et alors la tangente serait égale à $\frac{1}{0}$, expression remarquable, en ce qu'elle est indépendante de la valeur numérique des coefficiens.

Il resterait à voir maintenant en quoi se modifient ces formules, lorsqu'on suppose les axes quelconques : la tangente se présente alors sous la forme

$$\frac{(B^2 - 4AC)\,\sin.\,\alpha}{(B^2 - 4AC)\,s\,\alpha - 2B\,(A+C)}.$$

Nous n'entrerons point dans le détail des suppositions que l'on pourrait faire : cela n'offre aucune difficulté.

Si dans la valeur de y prise de l'équation générale on suppose imaginaires les racines x', x'' de la quantité radicale, alors la courbe peut ne pas couper le diamètre que détermine la partie rationnelle (nous discutons le cas de $B^2 - 4\,AC > o$) ; cependant, comme le trinome facteur de $B^2 - 4\,AC$ sous le radical dans la formule générale des valeurs de y, ne peut changer de signe, et qu'il prend alors celui de $B^2 - 4\,AC$, le radical reste réel pour toutes les valeurs de x, la courbe existe donc : dans le cas de l'ellipse les racines $x', x'', y'\,y''$ sont réelles ou imaginaires en même temps : la même chose n'a pas nécessairement lieu dans le cas de l'hyperbole, car en reprenant les expressions $4\,Ap$, $4Cp$, dont on sait que le signe détermine la réalité ou l'imaginarité de x', x'', y', y'', on en conclura que lorsque les coefficiens A et C ont le même signe, les racines sont réelles ou imaginaires en même temps, et que lorsqu'ils sont de signes contraires, les racines $x'\,x''$ sont réelles, tandis que $y'\,y''$ sont imaginaires, et réciproquement : cela explique comment l'hyperbole en défaut d'intersection avec l'un de ses diamètres peut en avoir avec l'autre, et comment elle peut exister sans les couper ni l'un ni l'autre : on voit aussi que sous la relation $B^2 - 4AC > 0$ l'équation représente toujours quelque chose.

On peut remarquer encore que sous la relation $D^2 - 4AF > 0$ l'équation générale représente toujours quelque chose : en effet, d'abord il est inutile de considérer le cas de $B^2 - 4AC > 0$, puisque nous savons qu'alors la courbe n'est jamais imaginaire : dans le cas de $B^2 - 4AC < 0$, on sait que la courbe ne peut être réelle que pour

$$(BD - 2AE)^2 - (B^2 - 4AC)(D^2 - 4AF) > 0,$$

condition qui sera toujours satisfaite lorsque $D^2 - 4AF$ sera positif : enfin dans l'hypothèse $B^2 - 4AC = 0$, la courbe est une parabole qui est toujours réelle; mais on peut avoir en même temps $BD - 2AE = 0$, auquel cas la valeur de y est $y = \pm \sqrt{D^2 - 4AF}$: ainsi les deux droites parallèles que représente cette équation sont toujours réelles lorsque $D^2 - 4AF > 0$.

Cherchons maintenant les conditions pour que l'équation générale représente deux droites qui se coupent. Il est évident que dans ce cas la quantité radicale

$$\sqrt{(B^2 - 4AC)x^2 + 2(BD - 2AE)x + D^2 - 4AF},$$

doit être un carré : on doit donc avoir pour première condition $B^2 - 4AC > 0$; alors le premier terme de la racine est

$$x\sqrt{B^2 - 4AC},$$

et le second

$$\frac{BD - 2AE}{\sqrt{B^2 - 4AC}},$$

d'où il suit pour deuxième condition

$$\left(\frac{BD - 2AE}{\sqrt{B^2 - 4AC}}\right)^2 = D^2 - 4AF, \text{ ou } \left(\frac{BD - 2AE}{B^2 - 4AC}\right)^2 = \frac{D^2 - 4AF}{B^2 - 4AC};$$

telles sont les conditions nécessaires et suffisantes.
Ce qu'il y a de remarquable, c'est que ces deux
droites seraient les asymptotes de l'hyperbole, si
cette courbe existait, ou plutôt l'hyperbole se trans-
forme en quelque sorte en ses asymptotes ; en effet,
si dans la valeur de y, on remplace $D^2 - 4AF$ par sa
valeur, il vient

$$y = -\frac{Bx + D}{2A} \mp \frac{1}{2A} \sqrt{B^2 - 4AC \left(x + \frac{BD - 2AE}{B^2 - 4AC}\right)^2},$$

$$y = -\frac{Bx + D}{2A} \pm \frac{1}{2A} \left(x \sqrt{B^2 - 4AC} + \frac{BD - 2AE}{\sqrt{B^2 - 4AC}}\right);$$

or, ce sont précisément là les équations des asymptotes comme nous le verrons en son lieu.

Exprimons enfin que l'équation générale est un
carré. Si elle remplit la condition demandée, elle
sera le carré d'une quantité de la forme $ax + by + d$,
en sorte qu'on aura l'identité

$$Ay^2 + Bxy + Cx^2 + Dy + Ex + F = a^2x^2 + 2abxy + b^2y^2 + 2bdy + 2adx + d^2,$$

d'où

$$A = b^2, \quad C = a^2, \quad B = 2ab, \quad D = 2bd, \quad E = 2ad, \quad F = d^2,$$

en sorte qu'en éliminant a, b, d entre ces équations
on a

$$B^2 - 4AC = 0, \quad D^2 - 4AF = 0, \text{ et } E^2 - 4CF = 0,$$

ce qui exige que A , C , F soient de même signe , et
que la courbe soit primitivement du genre de la parabole. On voit d'après ce qui précède que la première condition emporte les deux autres.

Fig. 19.   En supposant $B^2 - 4 AC < o$, on trouve dans la
discussion générale une courbe fermée et comprise
dans un parallélogramme $az\,z'\,b$, (Reynaud) : ha,
hb sont les plus grandes valeurs de y qui correspondent à des valeurs réelles des x, et de même Ap', Ap''
sont les abscisses au delà desquelles la courbe est
imaginaire : les droites az', bz', $p\,k$, $p''\,k'$ sont donc
des tangentes à la courbe : le parallélogramme
$kk'\,ss'$ est circonscrit, et par suite la plus grande ordonnée de la courbe est celle du centre, si je prouve
que c étant le milieu de $p'p''$, dc passe par le centre,
ce qui a lieu, car les points d, e, $r'\,r''$ étant les milieux des côtés du parallélogramme $kk'\,ss'$, ce parallélogramme se compose de quatre parallélogrammes
égaux, ainsi les droites $r'\,r''$, de se coupent en parties
égales au point o : or, $r'\,r''$ est un diamètre, donc le
point o est le centre de la courbe dont de est aussi un
diamètre, et de, $r'\,r''$ forment un système de diamètres conjugés.

x, y étant les abscisses du centre, et posant

$$x' = Ap',\ x'' = Ap'',$$

on a

$$x = \frac{x' + x''}{2},\ y = \frac{y' + y''}{2},$$

cela est évident.

J'observe maintenant que si l'on donne une nouvelle inclinaison à l'axe des abscisses, les côtés $p'\,k$,

$p''. k'$ du parallélogramme conserveront leur grandeur et leur direction, en sorte que le nouveau parallélogramme circonscrit sera équivalent au premier, comme ayant bases égales et même hauteur. Si après cela on fait varier l'inclinaison de l'axe des y, les deux autres côtés du parallélogramme conserveront leur grandeur, leur parallélisme et leur distance, et le nouveau parallélogramme circonscrit sera équivalent, par les mêmes raisons, au précédent et par suite au premier : or, le dernier parallélogramme obtenu est celui qui serait résulté en faisant varier les deux axes de coordonnées : donc *les parallélogrammes construits sur les diamètres conjugués, ou les parallélogrammes conjugués, sont équivalens entre eux et au rectangle des axes.*

On voit aussi que *les lignes qui joignent les points de tangence de deux tangentes parallèles sont des diamètres, et réciproquement, les tangentes aux extrémités d'un diamètre sont parallèles.*

Toutes les diagonales des parallélogrammes circonscrits passant par le centre de l'ellipse et y étant divisées en deux parties égales, sont des diamètres de l'ellipse ; de plus, il est évident que les diagonales d'un même parallélogramme sont deux diamètres conjugués : ainsi *l'ellipse a une infinité de diamètres conjugués.*

Le rectangle étant le seul parallélogramme dont les diagonales sont égales, il en résulte : que *l'ellipse n'a qu'un seul système de diamètres conjugués égaux, qui sont précisément les diagonales du rectangle formé sur les axes.*

On voit enfin, d'après ce qui précède, que si les

côtés du parallélogramme se mouvaient en restant tangens à l'ellipse, le sommet décrirait une ellipse concentrique et semblable à la première.

Les parallélogrammes que nous venons de considérer étant inscrits dans l'ellipse que décrit le sommet de l'un d'eux, et les diagonales étant des diamètres conjugués de cette dernière, on peut en conclure que *dans l'ellipse, les parallélogrammes conjugés inscrits, c'est-à-dire formés en joignant les extrémités de deux diamètres conjugués, sont équivalentes entre eux.*

Les mêmes considérations prouvent que, dans l'ellipse, la somme des carrés de deux diamètres conjugés est égale au double de la somme des carrés des cordes qui joignent l'extrémité de l'un des diamètres aux deux extrémités de l'autre; et comme la somme des carrés de deux diamètres conjugués est constante, on déduit que la même chose a lieu pour la somme des carrés des cordes qui joignent les extrémités d'un diamètre à celles de son conjugué.

Nous n'insisterons pas davantage sur cet objet ; nous avons voulu seulement montrer comment la discussion générale pouvait amener à la démonstration des principales propriétés des courbes.

On pourra appliquer ce qui précède au cas de l'hyperbole.

MÉTHODE DES TANGENTES

ET PROBLÈMES DÉPENDANS.

***

PROBLÈME.

Trouver 1° l'équation d'une tangente à une courbe du premier ordre ; 2° celle de la sous-tangente ; 3° de la normale ; 4° de la sous-normale.

L'équation d'une sécante quelconque à une ligne du deuxième degré est $y - y' = \dfrac{y'' - y'}{x'' - x'} (x - x')$, et il s'agit de déterminer $\dfrac{y'' - y'}{x'' - x'}$: or, pour les points dont les coordonnées sont $x' y'$, $x'' y''$, on a $Ay'^2 + Bx' y' + Cx'^2 + Dy' + Ex' + F = 0$, $Ay''^2 + Bx'' y'' + Cx''^2 + Dy'' + Ex'' + F = 0$, retranchant ces deux équations l'une de l'autre, il vient $A (y''^2 - y'^2) + B (x'' y'' - x' y') + C (x''^2 - x'^2) + D (y'' - y') + E (x'' - x') = 0$, ou bien encore $A(y'' - y') (y'' + y') + B(x'' - x') y'' + B (y'' - y') x' + C (x'' - x') (x'' + x') + D (y'' - y') + E (x'' - x') = 0$, et prenant la valeur de $\dfrac{y'' - y'}{x'' - x'}$, on obtient $\dfrac{y'' - y'}{x'' - x'} = $
$$- \frac{C (x'' + x') + By'' + E}{A (y'' + y') + Bx' + D}.$$
Pour que la sécante devienne tangente, il faut et il suffit que les deux points d'intersection se réunissent en seul, faisant à cet effet dans l'équation de la sécante $x' = x''$, $y' = y''$ il vient

$$\frac{y'' - y'}{x'' - x'} = - \frac{2 Cx' + By' + E}{2Ay' + Bx' + D} ;$$

ce qui montre que lorsqu'une droite $y - y' = a$ $(x - x')$ est tangente à un point $(x'y')$ d'une courbe du premier ordre, la valeur de a est égale à une fraction ayant pour numérateur la somme des termes qui renferment x; chaque terme étant multiplié par l'exposant des x dans ce terme, et cet exposant étant diminué d'une unité : et pour dénominateur la somme des termes qui renferment y, chaque coefficient étant multiplié par l'exposant de y dans ce terme, cet exposant étant diminué d'une unité : on remplace ensuite les coordonnées par celles du point de tangence ; cette règle est générale, et s'applique à toutes les courbes du premier degré : en sorte que l'équation de la tangente est

$$ y - y' = - \frac{2Cx' + By' + E}{2Ay' + Bx' + D} (x - x'). $$

Si dans cette équation on pose $2Ay' + Bx' + D = o$, on exprime que la tangente est infinie; d'où, substituant dans l'équation de la courbe, il vient pour résultat

$$ (B^2 - 4AC) x'^2 + 2 (BD - 2AE) x' + D^2 - 4AF = o ; $$

ainsi, lorsque l'équation représentera une courbe, on pourra toujours mener deux tangentes perpendiculaires à l'axe des x ; et si la courbe était rapportée à son centre, auquel cas les premières puissances n'entrent pas dans son équation, les deux points seraient à égale distance du centre : de plus, si la courbe est une parabole, la dernière équation devient du premier degré, en sorte qu'on ne peut mener à une parabole qu'une seule tangente perpendiculaire à l'axe des x. Si maintenant dans l'équation de la tangente on pose $2Cx' + By' + E = 0$, c'est exprimer que la tangente est parallèle à l'axe des x : substituant, il vient, toutes réductions faites, pour la valeur *de x'*

$$x' = \frac{2AE - BD \pm B\sqrt{C(B^2F + AE^2 + CD^2 - BDE - 4ACF}}{B^2 - 4AC} :$$

or, dans le cas de l'ellipse les deux facteurs de la quantité radicale sont toujours de même signe, donc on peut toujours dans ce cas, mener deux tangentes qui remplissent la condition ; on ne peut rien conclure de général pour l'hyperbole, puisque les deux facteurs peuvent être de signes contraires : si la courbe était rapportée au centre et aux axes, alors les premières puissances et le rectangle disparaissant, il vient

$$x' = 0, \quad y' = \pm \sqrt{-\frac{F}{A}},$$

résultat réel pour l'ellipse et imaginaire pour l'hyperbole. Enfin dans le cas de la parabole on aurait $x' = \infty, y' = \infty$.

Nous allons maintenant chercher l'équation de la tangente au moyen des coordonnées polaires.

Cherchons d'abord l'équation polaire de la courbe : z représentant le rayon vecteur et φ l'angle de ce rayon avec l'axe des x, on a $x = x' + z\, s'\varphi$, $y = y' + z\, s\varphi$: par ces substitutions l'équation générale devient

$$z^2(As^2\varphi + Cs'^2\varphi + Bs\varphi s'\varphi) + z(2Ay's\varphi + 2Cx's'\varphi + Bx's\varphi + By's'\varphi +$$
$$+ Ds'\varphi + Es\varphi) + Ay'^2 + Bx'y' + Cx'^2 + Dy' + Ex' + F = 0,$$

telle est l'équation polaire de la courbe, x', y' étant les coordonnées du pôle : tout se réduit comme précédemment à déterminer la valeur de a dans l'équation de la tangente. Représentons par $t\varphi$ la **tangente** de l'angle que fait la tangente avec l'axe des x : pour exprimer que le pôle est un point de la courbe, il suffit d'exprimer que le point $x'\,y'$ satisfait à l'équation générale, en sorte que l'équation polaire devient

$$z^2\,(As'^2\varphi + Cs'^2\varphi + Bs\varphi s'\varphi) + z\,(2Ay's\varphi + 2Cx's'\varphi + Bx's\varphi + By's'\varphi + Ds\varphi + Es'\varphi) = 0.$$

Cette équation est satisfaite par $z = 0$, c'est-à-dire qu'une des deux valeurs du rayon vecteur est nulle, l'autre valeur est

$$z = -\,\frac{2Ay's\varphi + 2Cx's'\varphi + Bx's\varphi + By's'\varphi + Ds\varphi + Es'\varphi}{As'^2\varphi + Cs'^2\varphi + Bs\varphi s'\varphi},$$

pour que ce rayon vecteur soit tangent au point $x'\,y'$, il faut exprimer que cette deuxième valeur est nulle, ce qui donne

$$2Ay's\varphi + 2Cx's'\varphi + Bx's\varphi + By's'\varphi + Ds\varphi + Es'\varphi = 0,$$

d'où enfin, en divisant par $s'\varphi$ et prenant la valeur de $t\varphi$, il vient

$$t\varphi = -\,\frac{2Cx' + By' + E}{2Ay' + Bx' + D},$$

résultat exact.

On appelle *sous-tangente* la portion de l'axe des abscisses comprise entre le pied de l'ordonnée du point de tangente et le point où la tangente rencontre ce même axe : or, si l'on fait $y = 0$ dans l'équation de la tangente, $x - x'$ représentera la sous-tangente, en sorte que l'équation de cette dernière est

$$x - x' = y' \left(\frac{2Ay' + Bx' + D}{2Cx' + By' + E} \right).$$

On appelle *normale* la perpendiculaire à la tangente au point de tangence : l'équation de la normale est de la forme $y - y' = a' \, (x - x')$: mais puisque la tangente et la normale sont perpendiculaires entre elles, on a la relation

$$1 + aa' + (a + a') s'\beta = 0,$$

d'où

$$a' = - \frac{1 + as'\beta}{a + s'\beta},$$

et remplaçant a par sa valeur

$$a' = \frac{(2Cx' + By' + E) s'\beta - (2Ay' + Bx' + D)}{(2Ay' + Bx' + D) s'\beta - (2Cx' + By' + E)} :$$

il serait facile de traduire cette expression en langage ordinaire : d'après cela, on a pour l'équation de la normale

$$y - y' = \frac{(2Cx' + By' + E) s'\beta - (2Ay' + Bx' + D)}{(2Ay' + Bx' + D) \, s'\beta - (2Cx' + By' + E)} (x - x').$$

On appelle *sous-normale* la portion de l'axe des x comprise entre le pied de l'ordonnée du point de la tangente et le pied de la normale : posant donc dans l'équation de cette dernière $y = 0$, $x - x'$ sera la longueur de la sous-normale, ainsi

$$x - x' = - y' \frac{(2Ay' + Bx' + D) s'\beta - (2Cx' + By' + E)}{(2Cx' + By' + E) s'\beta - (2Ay' + Bx' + D)},$$

est l'équation de la sous-normale.

Lorsque les axes sont rectangulaires, a et a' ne

représentent plus des rapports de sinus, mais bien des tangentes trigonométriques : a ne change pas de valeur, et par conséquent les équations de la tangente et de la sous-tangente restent les mêmes : mais il n'en est pas de même pour les deux autres lignes ; alors

$$s'\beta = 0, \text{ et } a' = \frac{2Ay' + Bx' + D}{2Cx' + By' + E},$$

ce qui doit être, puisque $a' = -\frac{1}{a}$: dans ce cas, les équations de la normale et de la sous-normale sont

$$y - y' = \frac{2Ay' + Bx' + D}{2Cx' + By' + E}(x - x'), \text{ et } x - x' = -y'\left(\frac{2Cx' + By' + E}{2Ay' + Bx' + D}\right)$$

ces deux lignes sont de signes contraires, parce qu'à partir de l'origine elles s'étendent en sens opposés.

Il existe entre ces quatre lignes de telles relations, qu'elles peuvent facilement se déduire les unes des autres.

Fig. 20.   Soit en effet $m\, n\, n'$ une courbe quelconque : je mène la tangente as, la normale nq et l'ordonnée np du point de tangence ; ap sera la sous-tangente et pq la sous-normale.

D'abord le triangle anq donne $ap : np :: np : pq$, ou $st : y :: y : s.n.$, d'où $st = \frac{y^2}{s.n}$, $s.n = \frac{y^2}{s.t}$: on a encore $an : np :: nq : pq$, ou $t : y :: n : s.n$, d'où $t = \frac{y \times n}{s.n}$, ou $t = \frac{n.st}{y}$, de même $n = \frac{t.sn}{y} = \frac{t.y}{st}$: on a aussi $t = \sqrt{y^2 + st^2}$, $n = \sqrt{y^2 + sn^2}$, $st = \sqrt{t^2 - y^2}$, $sn = \sqrt{n^2 - y^2}$.

On peut encore exprimer ces quatre lignes en fonction de l'ordonnée du point de tangence, et de la
tangente ν de l'angle que fait la tangente avec l'axe
des abscisses : en effet, le triangle anp donne d'abord

$$ap : y' :: 1 : \nu, \text{ d'où } st = \frac{y'}{\nu},$$

le triangle anq donne également

$$pq : y' :: y' : ap : \frac{y'}{\nu},$$

d'où

$$pq = sn = \nu y', \quad t = \sqrt{y' + \frac{y'^2}{\nu^2}} = \frac{y'}{\nu} \text{ sec. } \nu,$$

et

$$n = \sqrt{y'^2 + y'^2\nu^2} = y' \text{ sec. } \nu.$$

Les propriétés des courbes du premier degré donnent le moyen de déterminer géométriquement une
tangente passant par un point pris sur la courbe ;
mais voici un procédé graphique qui n'exige que
l'emploi de la règle, et s'applique à tous les cas.

Soit p le point donné sur la courbe, et a, b, d Fig. 21.
trois points arbitraires ; soient de plus m le point de
concours de ab et dp, n celui de ad et bp : en faisant
varier la position de l'un ou de l'autre des points b et
d ou des deux à la fois, et répétant la même construction, on obtiendra une nouvelle droite $m' n'$,
dont le point d'intersection r avec la première sera
un des points de la tangente cherchée, qui se trouve
ainsi entièrement déterminée.

PROBLÈME.

Mener par un point extérieur 1° une tangente à une courbe du premier degré ; 2° une normale.

Soient d'abord $x'\,y'$ les coordonnées du point donné et $x''\,y''$ celles du point de tagence : l'équation de la tangente en ce point est

$$y - y'' = -\frac{2Cx'' + By'' + E}{2Ay'' + Bx'' + D}\,(x - x''),$$

et comme cette tangente doit passer par le point $x'y'$, on doit avoir

$$y' - y'' = -\frac{2Cx'' + By'' + E}{2Ay'' + Bx'' + D}\,(x' - x''),$$

ou bien, toutes réductions faites,

$$(1)\quad 2Ay''^2 + 2Bx''y'' + 2Cx''^2 - (2Ay' + Bx' - D)y'' - (2Cx' + By' - E)x'' - Dy' - Ex' = 0;$$

mais le point $x''\,y''$ étant sur la courbe, on a aussi

$$Ay''^2 + Bx''y'' + Cx''^2 + Dy'' + Ex'' + F = 0,$$

et en retranchant cette dernière de la précédente, il reste

$$Ay''^2 + Bx''y'' + Cx''^2 - (2Ay' + Bx')y'' - (2Cx' + By')x'' - (Dy' + Ex' + F) = 0:$$

les coefficiens A, B, C étant les mêmes que dans l'équation de la courbe donnée, il s'ensuit que les points de tangence sont les points d'intersection de la courbe avec une nouvelle qui est toujours de même nature que la première, et selon que les racines de l'équation résultante de l'élimination de l'une des inconnues seront réelles et inégales, ou réelles et égales,

ou imaginaires, on pourra mener deux tangentes ou
une seule ou point du tout : on voit d'ailleurs qu'on
ne peut jamais en mener plus de deux.

x', y' étant toujours les coordonnées du point
donné et x'' y'' celles du point de tangence, la normale en ce point aura pour équation

$$y - y'' = \frac{2Ay'' + Bx'' + D}{2Cx'' + By'' + E} (x - x''),$$

les axes étant rectangulaires. Comme cette ligne doit
passer par le point $x' y'$, on a également

$$y' - y'' = \frac{2Ay'' + Bx'' + D}{2Cx'' + By'' + E} (x - x''),$$

et faisant disparaître le dénominateur

$$Bx''^2 - By''^2 + 2(A - C) x'' y'' + (By' - 2Ax' - E) y'' - (Bx' - 2Cy' - D) x'' - Dx' + Ey' = 0;$$

Mais le point $x'' y''$ étant sur la courbe on a

$$Ay''^2 + Bx'' y'' + Cx''^2 + Dy'' + Ex'' + F = 0,$$

ainsi les points d'intersection des courbes représentées par ces deux dernières équations seront les
points de normale cherchés ; or, la seconde représente la courbe donnée, et pour la seconde la quantité $B^2 - 4AC$ est égale à $4((A - C)^2 + B^2)$, quantité qui est constamment positive ; ce qui indique
que, dans tous les cas la courbe, qui par ses intersec-
tions avec la courbe donnée donne les points cherchés, est une hyperbole, qui de plus est équilatère,
car on a $A = - C$, comme nous le verrons en son
lieu. On peut observer que dans le cas de la parabole
$B^2 - AC = 0$ réduit $4((A - C)^2 + B^2)$ à $4(A + C)$, ré-

sultat remarquable. On voit que le problème admet deux ou quatre solutions réelles.

Il existe aussi un procédé graphique très-simple pour mener une tangente par un point donné.

Fig. 22.

Soit *abcdl* la courbe et *p* le point donné : menons les deux sécantes arbitraires *pda*, *pcb*. Si *e* est le point de concours de *ab* et *dc* et *f* celui de *ac* et *db*, les deux points d'intersection *g*, *h* de la courbe, avec la ligne *ef*, sont les points demandés ; c'est-à-dire les points de contact des tangentes menées par le point *p*.

PROBLÈME.

Mener une tangente commune à deux courbes du premier degré.

Je me bornerai à indiquer ici la marche générale ; en représentant par $x'\, y'$, $x''\, y''$ les coordonnées des deux points de chaque courbe par lesquels passe la tangente, l'équation de cette dernière sera

$$y - y' = \frac{y'' - y'}{x'' - x'} (x - x'),$$

on connaît la tangente de l'angle que chaque tangente fait avec l'axe des abscisses : en représentant ces tangentes par a et a', on devra avoir

$$a = \frac{y'' - y'}{x'' - x'}, \quad a' = \frac{y'' - y'}{x'' - x'},$$

et comme d'ailleurs les points $x'\, y'$, $x''\, y''$ sont sur les courbes on a

$$f\,(x'y') = 0, \quad F\,(x''y'') = 0,$$

ainsi on a quatre équations à quatre inconnues au moyen desquelles on déterminera ces inconnues, et substituant dans (1) on aura l'équation de la tangente : selon qu'on trouvera une ou plusieurs valeurs pour chaque inconnue, on pourra mener une ou plusieurs tangentes qui satisferont à la question. On voit en outre qu'il est indifférent que les courbes soient de même nature.

THÉORÈME.

Toute courbure du premier degré a une infinité de diamètres.

En effet : soit

$$A y^2 + B x y + C x^2 + D y + E x + F = 0,$$

l'équation générale et $y = ax + b$ l'équation d'une corde : il suffit de prouver que les milieux d'une infinité de cordes parallèles sont sur une ligne droite. Pour déterminer les points d'intersection de la droite avec la courbe, on a l'équation

$$(A a^2 + B a + C) x^2 + [(2 A a + B) b + B a + E] x + A b^2 + D b + F = 0,$$

équation qui résulte de l'élimination de y · pour l'abscisse du milieu de la droite on aura donc

$$x = - \frac{(2 A a + B) b + D a + E}{2 (A a^2 + B a + C)},$$

d'où pour l'ordonnée correspondante $y = ax + b$: éliminant entre ces deux équations b qui particularise la position de chaque corde, on trouvera l'équation du lieu des milieux d'une infinité de cordes parallèles, ce qui donne, toutes réductions faites,

$$(2 A a + B) y + (B a + 2 C) x + D a + E = 0,$$

équation d'une ligne droite. Donc, etc.

10

THÉORÈME.

Tout diamètre passe par le point de tangence de la tangente parallèle aux cordes qu'il divise en deux parties égales, et réciproquement.

Reprenons l'équation précédente,

$$(2Aa+B)\,y+(Ba+2C)\,x+Da+F=0,$$

qui est celle d'un diamètre quelconque : pour exprimer que les cordes qu'il divise en deux parties égales sont parallèles à la tangente au point $x'\,y'$ de la courbe, il suffit de poser

$$a=-\frac{2Cx'+By'+E}{2Ay'+Bx'+D}$$

et l'on obtient par cette substitution l'équation

$$[(B^2-4AC)x'+BD-2AE]\,y+[(4AC-B^2)\,y'+2CD-BE]\,x$$
$$+\,(2AE-BD)\,y'+(BE-2CD)\,x'=0,$$

ou bien

$$y-y'=\frac{-(2CD-BE)+(B^2-4AC)\,y'}{-(2AE-BD)+(B^2-4AC)\,x'}\,(x-x'),$$

équation d'une ligne qui passe par le point $x'\,y'$, ce qui prouve la première partie du théorème. Or, lorsque $B^2-4AC=0$, cette équation, qui est celle d'un diamètre quelconque se réduit à

$$y-y'=\frac{2CD-BE}{2AE-DB}\,(x-x')\,;$$

ainsi dans la parabole tous les diamètres sont parallèles : l'équation trouvée peut encore se mettre sous la forme

$$y - y' = \frac{\dfrac{2CD - BE}{B^2 - 4AC} - y'}{\dfrac{2AE - BD}{B^2 - 4AC} - x'},$$

équation qui est satisfaite par

$$x = \frac{2CD - BE}{B^2 - 4AC}, \quad y = \frac{2AE - BD}{B^2 - 4AC}.$$

Ainsi dans l'ellipse et l'hyperbole tous les diamètres se coupent en un même point, ce point est par conséquent un centre : donc ces deux courbes ont un centre.

Réciproquement toute ligne menée par le centre, c'est-à-dire tout diamètre passant par un point de tangence, divise en deux parties égales toutes les cordes parallèles à la tangente.

$$y = - \frac{2Cx' + By' + E}{2Ay' + Bx' + D}\ x + b,$$

étant l'équation d'une corde parallèle à la tangente, si l'on cherche les points d'intersection de cette corde avec la courbe $Ay^2 + Bxy + Cx^2 + Dy + Ex + F = 0$, et qu'on prenne les coordonnées du milieu de cette corde, et qu'enfin on élimine b entre ces deux valeurs, on trouvera, pour les coordonnées du milieu d'une corde quelconque parallèle à la tangente, la retation

$$y - y' = \frac{2CD - BE - (B^2 - 4AC)\,y'}{2AE - BD - (B^2 - 4AC)\,x'}\ (x - x');$$

or, c'est précisément là l'équation du diamètre passant par le point de tangence.

Donc, etc.

THÉORÈME.

Les tangentes aux extrémités d'un même diamètre sont parallèles, et réciproquement.

L'équation

$$y - y' = -\frac{2Cx' + By' + E}{2Ay' + Bx' + D}\,(x - x'),$$

prouve par sa seule inspection la première partie du théorème.

D'un autre côté, $x'\,y'$, $x''\,y''$ étant les coordonnées des deux points de tangence, et ces tangentes étant parallèles, on a l'équation de condition

$$\frac{2Cx' + By' + E}{2Ay' + Bx' + D} = \frac{2Cx'' + By'' + E}{2Ay'' + Bx'' + D},$$

ou en chassant les dénominateurs

$$(2Cx' + By' + E)(2Ay'' + Bx'' + E) = (2Cx'' + By'' + E)(2Ay' + Bx' + D),$$

Cette équation peut être mise sous la forme

$$(B^2 - 4AC)(y'x'' - y''x') - (BD - 2AE)(y'' - y') - (BE - 2CD)(x' - x'') = 0,$$

ou bien encore

$$(B^2 - 4AC)(y' - y'')x' - (B^2 - 4AC)(x'' - x')y' + BD - 2AE)(y' - y'') + (2CD - BE)(x' - x'') = 0,$$

d'où enfin

$$\frac{y' - y''}{x' - x'} = \frac{BE - 2CD + (B^2 - 4AC)y'}{BD - 2AE + (B^2 - 4AC)x''};$$

or, l'équation de la ligne qui passe par les points de tangence est

$$y - y' = \frac{y'' - y'}{x'' - x'}\,(x - x'),$$

d'où en remplaçant

$$y - y' = \frac{BE - 2CD + (B^2 - 4AC)\, y'}{BD - 2AE + (B^2 - 4AC)\, x'} \,(x - x'),$$

Donc, etc.

Il résulte de ce qui précède,

1° *Que toute ligne passant par le milieu de deux cordes parallèles est un diamètre ;*

2° *Que toute ligne passant par le centre est un diamètre ;*

3° *Que l'ellipse et l'hyperbole ont, comme nous le savions déjà, une infinité de diamètres conjugués.*

PROBLÈME.

Mener à une courbe de premier degré : 1° une tangente parallèle à une ligne donnée ; 2° deux tangentes faisant entre elles un angle donné.

1° La solution géométrique de ce problème se réduit, d'après ce qui précède, à tirer deux cordes parallèles à la ligne donnée, et à mener une ligne par les milieux de ces deux cordes ; cette ligne coupera la courbe en deux points : les droites passant par ces points et parallèles à la ligne donnée seront les tangentes demandées. La solution analytique consiste dans la détermination des coordonnées $x'\, y'$ du point de tangence, au moyen des deux équations

$$Ay'^2 + Bx'y' + Cx'^2 + Dy' + Ex' + F = 0 \qquad \varphi = -\frac{2Cx' + By' + E}{2Ay' + Bx' + F},$$

φ étant la tangente de l'angle que la ligne donnée fait avec l'axe du x.

2° On mène une tangente arbitraire, et le problème se réduit alors à mener une tangente qui fasse avec l'axe des abscisses un angle supplément de l'angle donné, et de celui de la première tangente avec l'axe du x, ce qui s'effectuera au moyen du problème précédent : on voit que ce problème embrasse le cas où l'une des tangente serait donnée de position.

Remarque. On peut démontrer autrement que nous ne l'avons fait, que tous les diamètres de l'ellipse et de l'hyperbole se coupent en un point unique qui est le centre de ces courbes, et que ceux de la parabole se coupent à l'infini, c'est-à-dire sont parallèles. En effet, l'équation d'une ligne passant par les milieux d'une série de cordes parallèles est, d'après ce qui précède, $(2Aa + B)y + (Ba + 2C)x + Da + E = o$: si on donne une autre inclinaison aux cordes, nous aurons pour équation d'un second diamètre $(2Aa' + B)y + (Ba' + 2C)x + Da' + E = o$: on obtient pour les coordonnées du point d'intersection de ces deux diamètres

$$x = \frac{(2Aa'+B)(Da+E) - (2Aa+B)(Da'+E)}{(Ba'+2C)(2Aa+B) - (2Aa'+B)(Ba+2C)},$$

et

$$y = \frac{(Da'+E)(Ba+2C) - (Da+E)(Ba'+2C)}{(Ba'+2C)(2Aa+B) - (2Aa'+B)(Ba+2C)}:$$

si on effectue les produits et les réductions, on trouve que x et y sont indépendans de a, a', et se réduisent à

$$x = \frac{2AE - BD}{B^2 - 4AC}, \quad y = \frac{2CD - BE}{B^2 - 4AC},$$

donc, quels que soient a et a', le diamètre passera toujours par un point dont les coordonnées sont les valeurs précédentes qui sont réelles et finies dans le cas d'ellipse ou de l'hyperbole, et infinies pour la parabole.

Donc, etc.

ASYMPTOTES.

D'après la définition des asymptotes, lorsque l'équation d'une courbe peut se ramener à la forme

$$y = ax + b + \frac{d}{x} + \frac{e}{x^2} + \text{etc.}, \text{ la droite } y = ax + b,$$

est une asymptote de cette courbe, car l'hypothèse $x = \infty$, réduisant $\frac{d}{x} + \frac{e}{x^2} + \text{etc.}$, à zéro, on peut toujours prendre x assez grand pour que la différence entre l'ordonnée de la courbe et celle de la droite soit moindre que toute quantité donnée. Par une raison semblable, une droite $x = ay + b$ est asymptote

d'une courbe $x = ay + b + \frac{d}{y} + \frac{e}{y^2} + $, etc.

Cela posé, cherchons les asymptotes rectilignes des lignes du deuxième degré : la valeur générale de y prise dans l'équation de ces courbes est, comme nous le savons,

$$y = -\frac{Bx+D}{2A} \pm \frac{1}{2A} \sqrt{(B^2 - 4AC) x^2 + 2 (BD - 2AE) x + D^2 - 4AF},$$

effectuant l'extraction de racine indiquée, il vient

$$y = -\frac{Bx+D}{2A} \pm \frac{1}{2A} \left(x\sqrt{B^2 - 4AC} + \frac{BD - 2AE}{\sqrt{B^2 - 4AC}} + \text{etc.} \right),$$

Les termes suivans renferment x au dénominateur :

en sorte que si l'on donne à x des valeurs de plus en plus grandes, la somme de ces termes peut devenir moindre que toute quantité donnée : d'après ce qui précède les courbes du premier degré ont donc deux asymptotes représentées par l'équation

$$y = -\frac{Bx+D}{2A} \pm \frac{1}{2A}\left(x\sqrt{B^2-4AC} + \frac{BD-2AE}{\sqrt{B^2-4AC}} \right) ;$$

dans le cas de l'ellipse, $\sqrt{B^2-4AC}$ est imaginaire, et dans le cas de la parabole

$$\sqrt{B^2-4AC} = 0, \ \text{d'où} \ \frac{BD-2AE}{\sqrt{B^2-4AC}} = \frac{M}{0},$$

$\sqrt{B^2-4AC}$ est réel dans le cas de l'hyperbole : cette dernière est donc la seule courbe qui ait des asymptotes rectilignes.

En résolvant l'équation par rapport à x, il vient

$$x = -\frac{By+E}{2C} \pm \frac{1}{2C}\sqrt{(B^2-4AC)y^2+2(BE-2CD)y+E^2-4CF},$$

d'où

$$x = -\frac{By+E}{2C} \pm \frac{1}{2C}\left(y\sqrt{B^2-4AC} + \frac{BE-2CD}{\sqrt{B^2-4AC}} \right),$$

pour les équations des asymptotes : ces deux asymptotes ne sont autre chose que les deux premières, car, dans le cas contraire, la courbe, pour devenir asymptote de l'une d'elles, couperait nécessairement l'une des autres. De plus, les asymptotes se coupent au centre, car si dans la valeur de y on égale à zéro la quantité entre parenthèses, on trouve

$$x = -\frac{BD-2AE}{B^2-4AC},$$

qui est précisément l'abscisse du centre , et opérant de même sur la quantité entre parenthèses dans la valeur de x, il vient

$$y = - \frac{BE - 2CD}{B^2 - 4AC},$$

ordonnées du centre.

Examinons maintenant ce que deviennent ces asymptotes en introduisant les diverses hypothèses compatibles avec le caractère hyperbolique.

En supposant d'abord $C = 0$, les équations des asymptotes se réduisent, l'une à $y = - \dfrac{E}{B}$, l'autre à

$$y = - \frac{Bx}{A} + \frac{AE - BD}{AB},$$

ce qui montre que l'une des asymptotes est parallèle à l'axe des x : si l'on a de plus $E = 0$, la première devient $y = 0$, et l'autre $y = \dfrac{-Bx - D}{A}$, et alors l'axe des x est une asymptote de la courbe : si au contraire on a $A = 0$, ou $A = 0$, $D = 0$, en résolvant l'équation par rapport à x, on voit que dans le premier cas l'une des asymptotes est parallèle à l'axe des y, et dans le second cet axe est lui-même asymptote : il résulte de là que lorsqu'on a à la fois $A = 0$, $C = 0$, les deux asymptotes sont parallèles aux axes, et qu'elles se confondent avec ces axes lorsqu'on a en même temps $D = 0$, et $E = 0$. pour les hypothèses $A = 0$, $D = 0$, $E = 0$, l'une des asymptotes se confond avec l'axe des y, et l'autre est parallèle à l'axe des x : le contraire a lieu pour $C = 0$, $D = 0$, $E = 0$,

Enfin, si on a $D = 0$, $E = 0$ les asymptotes sont

$$y = \frac{x}{2A}\left(-B \pm \sqrt{B^2 - 4AC}\right),$$

elles passent donc par l'origine, ce qui doit être, puisque alors la courbe est rapportée à son centre.

Nous pouvons vérifier ces résultats d'une autre manière.

Reprenons d'abord la supposition $A = 0$, il vient

$$y = -\frac{Cx^2 + Ex + F}{Bx + D},$$

la valeur

$$x = -\frac{D}{B} \text{ rendant } y = \infty,$$

est une asymptote de la courbe, et on voit qu'elle est parallèle à l'axe des y : pour $C = 0$, $y = -\frac{E}{B}$ est une asymptote parallèle à l'axe des x : maintenant, pour $A = 0$, $C = 0$ on a

$$(1) \quad y = -\frac{Ex + F}{Bx + D}, \text{ et } (2) \quad x = -\frac{Dy + F}{By + E},$$

d'où en faisant les divisions

$$y = -\frac{E}{B} + \text{etc.}, \quad x = -\frac{D}{B} + \text{etc.}$$

Les autres termes renfermant x ou y au dénominateur, les asymptotes sont les deux parallèles aux axes des coordonnées

$$x = -\frac{D}{B}, \quad y = -\frac{E}{B} :$$

on peut encore les obtenir en observant que pour ces

valeurs, les valeurs (1) et (2) de x et y deviennent infinies : si nous supposons de plus $D = o$, $E = o$, on a pour asymptotes $x = o$, $y = o$. Lorsque les coefficiens des premières puissances manquent seuls, les équations des asymptotes deviennent

$$y = \frac{-Bx \pm x \sqrt{B^2 - 4AC}}{2A},$$

on voit la marche à suivre dans tous les cas.

Lorsque l'on a $B = o$ et $A = - C$, hypothèses qui rendent l'hyperbole équilatère, l'équation des asymptotes devient

$$y = \pm x \frac{-D \pm E}{2A},$$

et comme les tangentes des angles que font ces droites avec l'axe du x satisfont à la retation $aa' + 1 = o$, on en déduit que pour cette particularité de l'hyperbole les asymptotes sont à angle droit ; réciproquement, lorsque les asymptotes sont à angle droit, leurs équations devant être de la forme $y = \pm x + q$, on trouve en se reportant à l'équation générale, que pour que cette condition soit remplie $B = o$, $A = - C$.

Examinons si ces deux conditions sont toujours nécessaires pour que l'équation représente une hyperbole équilatère : nous savons que les asymptotes doivent être à angle droit ; or, si dans la formule générale

$$t.v = \frac{(a - a')\, s.\alpha}{1 + aa' + (a + a')\, s'\alpha}$$

on substitue les valeurs de a et a' prises dans les équations des asymptotes, il vient

$$t \cdot v = \frac{s, \alpha \sqrt{B^2 - 4AC}}{A + C - B s'\alpha} :$$

pour que cette tangente soit infinie, il faut que l'on ait

$$B = 0, A = -C, \text{ ou } A = -C \text{ et } s'\alpha = 0, \text{ ou } \alpha = 90°.$$

ce qui montre que les deux conditions ne sont nécessaires que lorsque la courbe n'est point rapportée à des axes rectangulaires.

Si l'on multiplie les équations des deux asymptotes on obtient

$$A y^2 + B x y + C x^2 + D y + E x + \frac{BDE - CD^2 - AE^2}{B^2 - 4AC} :$$

on voit d'après cela que ce produit ne diffère de l'équation de la courbe que par la quantité connue; en sorte que lorsque la courbe est rapportée à son centre, ce produit n'est autre chose que l'équation de la courbe privée de terme tout connu.

D'après cela, lorsque la courbe sera rapportée à son centre et à deux diamètres conjugués, auquel cas l'équation ne renferme que les carrés des variables et la quantité connue, on peut des équations des asymptotes passer à celle de la courbe, si l'on connaît un diamètre de cette courbe.

Soit l'équation $B x y + D y + E x + F = 0$, qui, comme on le sait, représente une hyperbole : si on rapporte cette courbe à des axes parallèles aux axes primitifs, on trouve

$$x'y' = \frac{DE - BF}{B^2},$$

et si l'on a $DE - BF = 0$, il vient $x'y' = 0$ qui

représente le système des deux axes; or, en éliminant F entre l'équation de condition et celle de la
courbe, celle-ci devient

$$B^2 xy + BDy + BFx + DE = 0, \text{ ou } (By+E)(Bx+D = 0,$$

d'où

$$y = -\frac{E}{B}, \; x = -\frac{D}{B},$$

qui sont les équations des deux asymptotes qui dans
ce cas sont parallèles aux axes ; mais comme on peut
éliminer entre les équations mentionnées une quelconque des quantités B, E, D, F^1, il s'agit de faire
voir que, quelle que soit celle qu'on élimine, l'équation résultante représente toujours le système des
deux mêmes droites : en éliminant B, par exemple,
il vient

$$DExy + DFy + EFx + F^2 = 0,$$

d'où

$$y = -\frac{F}{D}, x = -\frac{F}{E}, \text{ or } DE - BF = 0,$$

donne

$$\frac{E}{B} = \frac{F}{D}, \text{ et } \frac{D}{B} = \frac{F}{E},$$

donc les lignes sont les mêmes dans l'un et l'autre cas;
et par l'hypothèse particulière que nous avons faite,
l'hyperbole s'est changée en ses asymptotes.

On pourra examiner si deux courbes du premier
degré peuvent être asymptotes l'une de l'autre, et
voir si l'équation d'une asymptote quelconque est
toujours d'un degré inférieur à celui de l'équation de
la ligne dont cette dernière est asymptote.

On peut déduire l'équation des asymptotes de celle

de la tangente, en supposant le point de tangence à l'infini.

FOYERS.

La définition des foyers nous conduit à rechercher s'il existe sur le plan d'une courbe du premier degré des points tels que leur distance à un point quelconque de la courbe soit exprimée d'une manière rationnelle en x.

En appelant $x'y'$ le point cherché, $x\,y$ un point quelconque de la courbe et d la distance de ces deux points, on a

$$d^2 = (y-y')^2 + (x-x')^2 + 2(y-y')(x-x')\,s'\beta;$$

mais on a en même temps

$$y = -\frac{Bx+D}{2A} \pm \frac{1}{2A}\sqrt{(B^2-4AC)x^2 + 2(BD-2AE)x + D^2 - 4AF};$$

substituant cette valeur dans l'égalité précédente, il vient

$$d^2 = x^2 + x'^2 - 2xx' + \left(\frac{Bx+D}{2A}\right)^2 \pm \frac{Bx+D}{2A^2}\sqrt{\ldots\ldots}$$

$$+ \frac{(B^2-4AC)\,x^2 + \ldots}{4A^2} + y'^2 + y' \times \left(\frac{Bx+D \mp \sqrt{\ldots\ldots}}{2A}\right)$$

$$- 2\,s'\beta\,(x-x')\left(y' + \frac{Bx+D \pm \sqrt{\ldots\ldots}}{2A}\right):$$

la distance d devant être une quantité rationnelle, à *fortiori* il doit en être de même de d^2, les radicaux doivent donc disparaître, ce qui exige que l'on ait $Bx + D = 0$ $y' = 0$, et $S'\beta = 0$; voilà les conditions nécessaires et suffisantes : or $Bx + D = 0$ revient à

$B = o, D = o$, car on ne peut assigner à x une valeur déterminée; d'un autre côté, pour $S'\beta = o$ on a $\beta = 90°$; ainsi au lieu de trois conditions, on a les quatre suivantes $y' = o$, $\beta = 90°$, $B = o$ $D = o$. La première condition montre que les points cherchés sont situés sur l'axe des x; la seconde que les coordonnées doivent être rectangulaires, et enfin les deux autres que l'équation de la courbe doit être de la forme $Ay^2 + Cx^2 + Ex + F = o$ qui, comme nous le verrons bientôt, (ce qu'il est d'ailleurs facile de vérifier directement), représente toutes les courbes du premier degré ; on voit encore d'après la forme de cette dernière équation que la courbe doit être rapportée à un de ses diamètres et à un axe parallèle au conjugué de ce dernier, ce qui revient à dire que les axes des coordonnées doivent être dirigés l'un suivant le grand axe de la courbe, et l'autre suivant une parallèle au petit , puisque nous savons que ces axes doivent être rectangulaires : donc les points cherchés se trouvent sur le grand axe de la courbe, et toutes les courbes du premier degré ont des foyers : il s'agit maintenant de fixer la position de ces points.

D'après ce qui précède , la valeur de d^2 se réduit à

$$d^2 = x^2 - 2xx' + x'^2 - \frac{4ACx^2 + 4AEx + 4AF}{4A^2} = x^2 - 2xx' +$$

$$+ x'^2 - \frac{Cx^2 + Ex + F}{A} = x^2\left(1 - \frac{C}{A}\right) - x\left(2x' + \frac{E}{A}\right) + x'^2 - \frac{F}{A},$$

d'où

$$d = \sqrt{\frac{x^2(A - C) - x(2Ax' + E) + Ax'^2 - F}{A}} :$$

d devant être une quantité rationnelle, la quantité sous le radical doit être un carré , ce qui donne

$$\left(\frac{(2Ax'+E)}{2A}\right) = \sqrt{\frac{A-C}{A}} \times \sqrt{\frac{Ax'^2-F}{A}} = \sqrt{\frac{A-C}{A}\cdot\frac{(Ax'^2-F)}{A}} :$$

élevant au carré et effectuant les opérations, il vient

$$4A^2x'^2+4AEx'+E^2=4(A^2x'^2-ACx'^2-AF+CF),$$

ou bien

$$4ACx'^2+4AEx'+E^2+4AF-4CF=0,$$

On voit d'après cela que x' a deux valeurs, c'est-à-dire que la courbe a deux foyers, à moins que le produit AC ne soit nul, ce qui n'a lieu que pour la parabole, qui par conséquent n'a qu'un foyer.

L'ellipse et l'hyperbole étant rapportées au centre, on a de plus $E = 0$, et l'équation précédente devient alors

$$4ACx'^2+4AF-4CF=0, \quad \text{d'où } x' = \pm\sqrt{\frac{F}{A}-\frac{F}{C}}$$

Ainsi les deux foyers sont également éloignés du centre et placés de différens côtés par rapport à ce point.

Dans le cas de la parabole, l'équation de condition se réduit à

$$4AEx'+E^2+4AF=0, \quad \text{d'où } x' = -\frac{E}{4A}-\frac{F}{E};$$

nous supposons que le produit $AC = 0$ à cause de $C = 0$, parce que nous avons dirigé l'axe du x suivant le grand axe de la courbe : si la parabole était en outre rapportée à son sommet, on aurait

$$F = 0, \quad \text{et } x' = -\frac{E}{4A}.$$

Ainsi la parabole n'a qu'un foyer situé dans l'intérieur de la courbe, sur son grand axe, et distant du sommet d'une quantité $\frac{E}{4A}$.

Il est facile maintenant d'obtenir les valeurs des rayons vecteurs, ainsi que les relations qui existent entre les rayons qui correspondent à un même point de la courbe : nous allons seulement examiner le cas de l'ellipse, on pourra faire l'application à l'hyperbole et à la parabole.

L'ellipse étant rapportée à son centre, nous avons trouvé

$$x' = \pm \sqrt{\frac{F}{A} - \frac{F}{C}},$$

ou

$$x' = + \sqrt{\frac{F}{A} - \frac{F}{C}}, \quad \text{et } x' = - \sqrt{\frac{F}{A} - \frac{F}{C}} :$$

substituant la première de ces deux valeurs dans la valeur de d et élevant au carré, il vient

$$Ad^2 = (A - C) x^2 + 2Ax \sqrt{\frac{F}{A} - \frac{F}{C}} - \frac{AF}{C},$$

d'où l'on tire

$$d' = x \sqrt{\frac{A-C}{A}} + \sqrt{\frac{-F}{C}};$$

nous ne prenons que la première valeur qui correspond à un point de la partie supérieure de l'ellipse : si l'on substitue maintenant la deuxième valeur de x, on trouve en prenant le rayon vecteur qui correspond au même point

$$d'' = - x \sqrt{\frac{A-C}{A}} + \sqrt{\frac{-F}{C}},$$

et par conséquent

$$d' + d'' = 2 \sqrt{\frac{-F}{C}} :$$

ce qui nous montre que la somme des rayons vecteurs est une constante : si on suppose l'ellipse rapportée à ses axes et qu'on remplace F, et C par leur
valeur, on voit qu'alors la somme des rayons vecteurs
est égale au grand axe.

Remarque. Il peut être intéressant de rechercher
s'il existe dans l'espace des points dont la distance à
un point quelconque d'une courbe du premier degré
soit une fonction rationnelle de l'abscisse : on dé-
montrera que dans le cas de l'ellipse le lieu de ces
points est une hyperbole et inversement.

Réduction de l'équation générale.

La résolution directe de l'équation générale du
deuxième degré, a suffi pour faire connaître la forme,
les variétés et toutes les propriétés principales des
courbes du premier degré; mais comme la résolution
des problèmes relatifs à ces lignes sera d'autant plus
facile que leur équation sera moins compliquée ,
nous allons faire voir que, sans rien perdre de sa
généralité , l'équation générale peut être ramenée à
l'une des formes

$$y^2 \pm m'x^2 = \pm Q, \quad y^2 = 2px.$$

En effet, $Ay^2 + Bxy + Cx^2 + Dy + Ex + F = 0$,
peut se mettre sous la forme $Ay^2 + (Bx + D)$
$y + Cx^2 + Ex + F = 0$: on peut faire disparaître le
deuxième terme de cette équation du deuxième degré en y , posant

$$y = y' - \frac{Bx + D}{2A} ,$$

la transformée ne renfermera plus de termes en y ; effectuant on trouve

$$A y'^2 + \frac{(Bx+D)^2}{4A} - \frac{(Bx+D)^2}{2A} + Cx^2 + Ex + F = 0,$$

d'où en réduisant au même dénominateur tous les termes, excepté le premier,

$$A y'^2 - \left(\frac{B^2-4AC}{4A}\right)x^2 - 2\frac{(BD-2AE)\,x}{4A} - \frac{D^2-4AF}{4A} = 0,$$

équation qui est de la forme (1) $A'y^2 + C'x^2 + E'x + F' = 0$; de plus, cette équation donnera les mêmes courbes que la précédente, et n'en donnera pas d'autres, puisque pour toutes les valeurs réelles de y, y' est aussi réel, et que pour chaque valeur imaginaire de y', y l'est aussi, tandis que x est le même dans les deux équations. Si l'on considère la dernière équation comme étant du deuxième degré en x, et que l'on fasse $x = x' - \frac{E'}{2C'}$, l'équation transformée donnera les mêmes courbes que la précédente et n'en donnera pas d'autres : la nouvelle équation ne renfermant plus de terme en x', sera de la forme $A y'^2 + C' x'^2 + F'' = 0$; car en effectuant les transformations on trouve

$$A y'^2 + C'x'^2 + \frac{E'^2}{4C'} - \frac{E'^2}{2C'} + F' = 0,$$

ce qui donne en réduisant

$$A y'^2 + C'x'^2 + \frac{4C'F'-E'^2}{4C'} = 0,$$

équation qui se présente sous une des formes indiquées, et est par suite une des équations cherchées.

Or, cette transformation est possible tant que C' n'est pas nul, et lorsque $C' = 0$, l'équation (1) devient $Ay'^2 + E'x + F' = 0$, qui est la troisième équation demandée. Mais après la première transformation l'équation générale devient

$$Ay'^2 - \left(\frac{B^2 - 4AC}{4A}\right) x^2 - 2\left(\frac{BD - 2AE}{4A}\right) x - \left(\frac{D^2 - 4AF}{4A}\right) = 0,$$

d'où

$$C' = -\left(\frac{B^2 - 4AC}{4A}\right) :$$

ainsi C' n'est nul que tout autant que $B^2 - 4AC = 0$, et de plus C' est de signe contraire à $B^2 - 4AC$: or, lorsque $B^2 - 4AC < 0$ ou > 0, l'équation représente une ellipse ou une hyperbole, donc l'équation transformée ci-dessus représente une ellipse ou une hyperbole suivant que C' est positif ou négatif : cela devait être, car cette équation renfermant les carrés de x et y, à chaque valeur de x correspondent deux valeurs de y égales et de signes contraires, et réciproquement ; ainsi les courbes données par cette équation ont un centre, propriété qui ne convient qu'à l'ellipse et à l'hyperbole.

Au contraire, lorsque $B^2 - 4AC = 0$, on a aussi $C' = 0$; mais $B^2 - 4AC = 0$ est le caractère de la parabole, donc l'équation $Ay'^2 + E'x + F' = 0$, convient à la parabole, ce que l'on peut vérifier en observant que cette équation ne peut donner que des courbes sans centre.

D'après ce qui précède, l'équation générale est ramenée à l'une des formes

$$Ay'^2 \pm C'x'^2 + F'' = 0, \quad Ay'^2 + E'x + F' = 0,$$

dont la première représente une ellipse ou une hyperbole, selon que C′ est pris avec le signe supérieur
ou inférieur : je dis de plus que F″ est de signe contraire à C′ dans le cas de l'ellipse; en effet, F″ appartient à la deuxième transformée, et est égale à
$\frac{4C'F' - E'^2}{4C''}$, C′ sera de signe contraire à F″ si $4C'E' -$
$- E'^2$ est négatif, car quel que soit le signe de C′,
$\frac{4C'F' - E'^2}{4C'}$ est de signe contraire à C′ : il suffit donc
de faire voir que $4C'F' - E'^2$ est négatif dans tous les
cas : or,

$$E' = -\frac{2(BD - 2AE)}{4A}, \quad F' = -\frac{(D^2 - 4AF)}{4A}, \quad C' = -\frac{(B^2 - 4AC)}{4A},$$

d'où en substituant

$$4C'F' - E'^2 = \left(\frac{B^2 - 4AC}{A}\right)\left(\frac{D^2 - 4AF}{4A}\right) - \left(\frac{BD - 2AE}{4A^2}\right)^2 :$$

or A est toujours positif, il suffit donc de prouver
que $(B^2 - 4AC)(D^2 - 4AF) - (BD - 2AE)$ est toujours négatif. Mais dans ce cas, pour que l'équation générale représente une courbe, il faut que
$(B^2 - 2AE)^2 - (B^2 - 4AC)(D^2 - 4AF)$ soit positif, ou
bien $(B^2 - 4AC)(D^2 - 4AF) - (BD - 2AE)$ négatif,
donc $4C'F' - E'^2$ est négatif toutes les fois que
l'équation générale donne quelque courbe, le principe est donc démontré. De plus l'équation de la
parabole $Ay'^2 + E'x + F' = 0$ peut se ramener à la
forme $y^2 = 2px$, en faisant $x = x - \frac{F'}{E'}$, dans cette
équation considérée comme du premier degré
en x.

Il résulte de là que l'équation générale peut être remplacée par les deux équations

$$y^2 \pm m^2 x^2 \mp Q = 0$$

$$y^2 = 2px ,$$

dont la première représente une ellipse ou une hyperbole suivant qu'on adopte les signes supérieurs ou inférieurs; et la deuxième une parabole rapportée à son sommet. On voit d'ailleurs que l'ellipse ou l'hyperbole est rapportée à son centre et à deux diamètres conjugués, c'est-à-dire dont l'un divise en deux parties égales les cordes parallèles à l'autre.

Pour opérer cette réduction nous n'avons fait qu'une opération algébrique qui consiste à faire disparaître le deuxième terme d'une équation, ou, en d'autres termes, nous n'avons fait que transporter les axes des coordonnées parallèlement à eux-mêmes; par conséquent, les équations réduites restent les mêmes, quelle que soit d'ailleurs l'inclinaison de ces axes : ainsi devient inutile la recherche des diamètres conjugués, ce qui apporte une nouvelle simplification dans la géométrie analytique.

FIN.

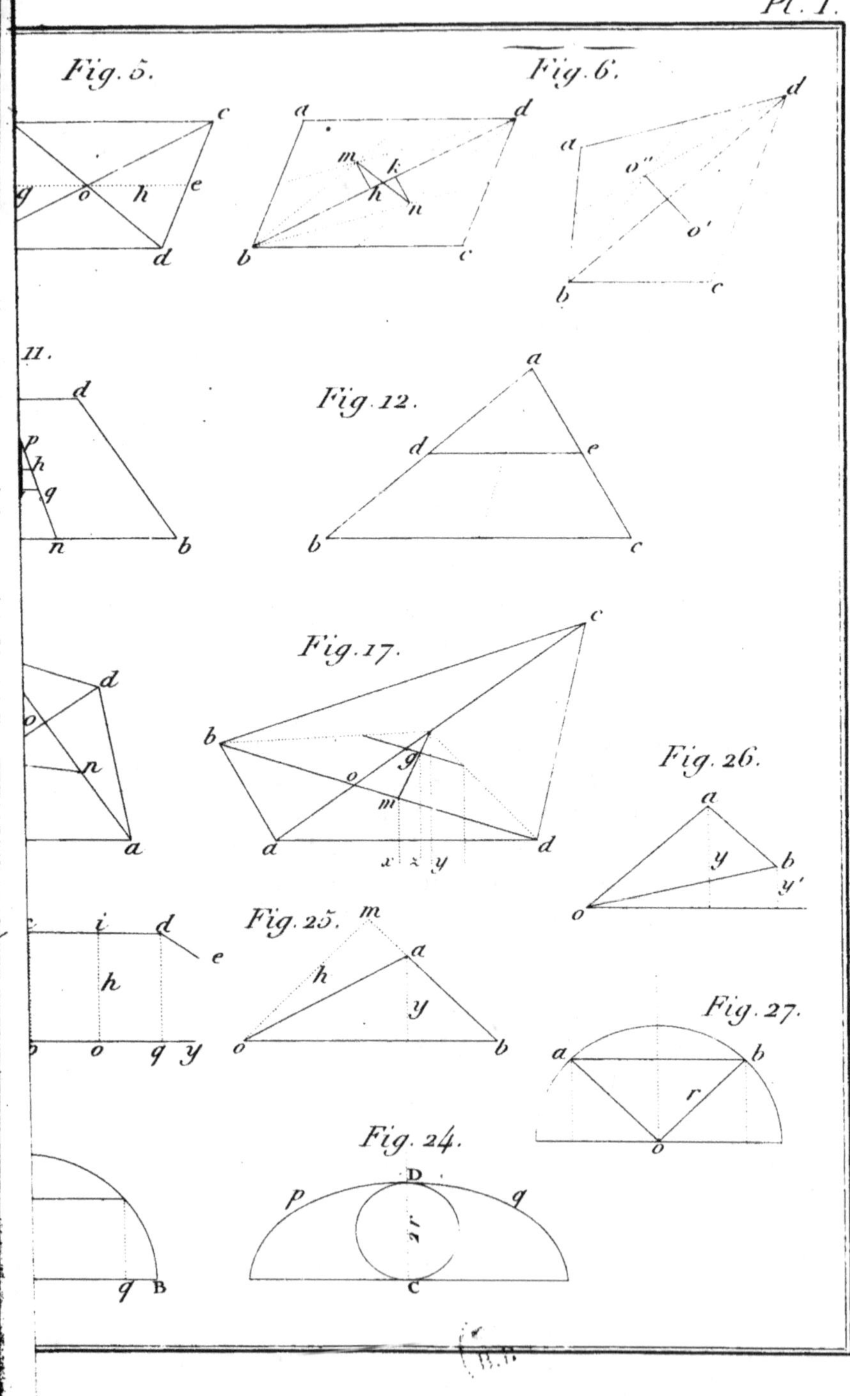

Fig. 5.
Fig. 6.
Fig. 12.
Fig. 17.
Fig. 26.
Fig. 25.
Fig. 27.
Fig. 24.

Pl. I.

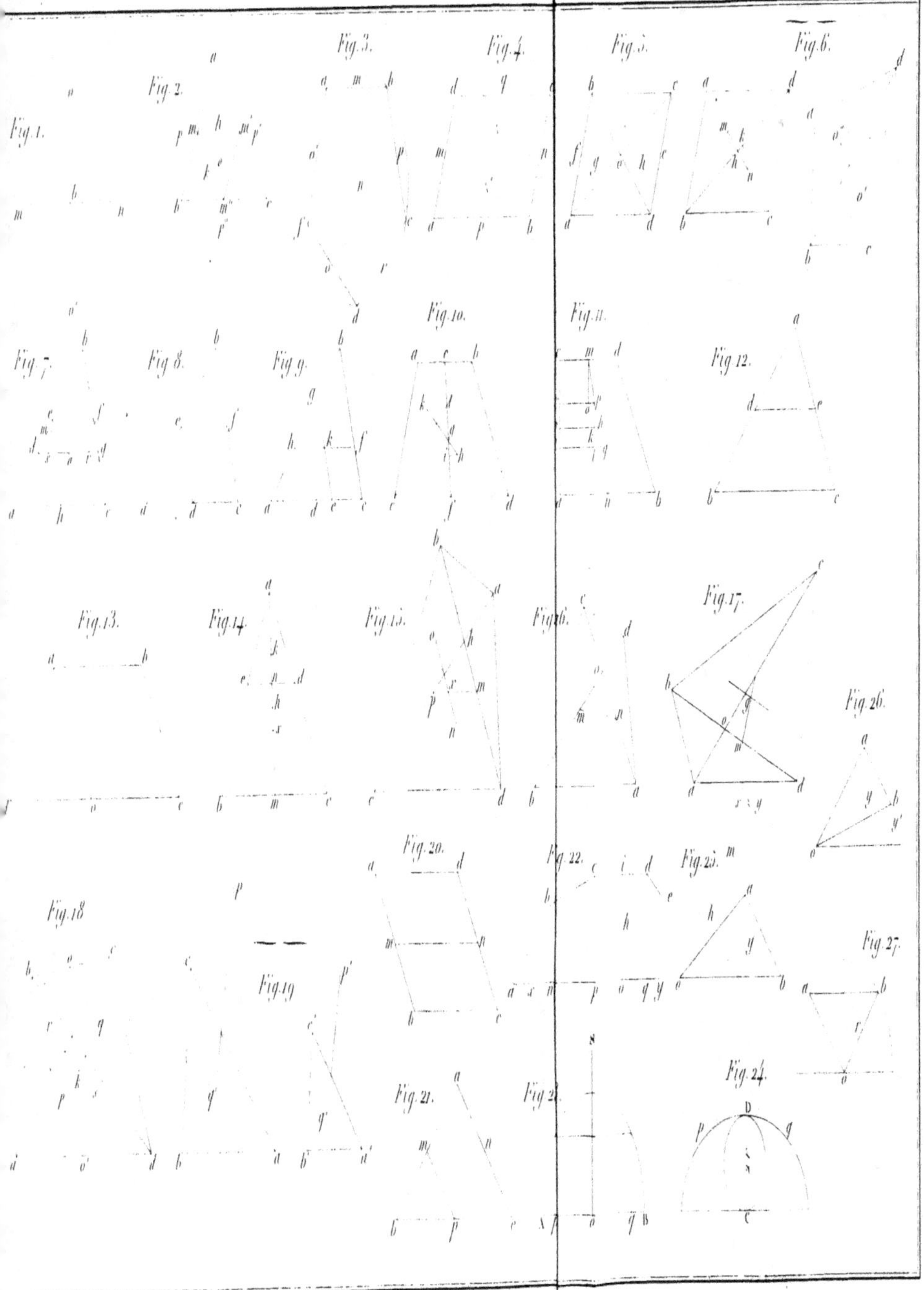

Fig. 1. Fig. 2. Fig. 3. Fig. 4. Fig. 5. Fig. 6.

Fig. 7. Fig. 8. Fig. 9. Fig. 10. Fig. 11. Fig. 12.

Fig. 13. Fig. 14. Fig. 15. Fig. 16. Fig. 17. Fig. 26.

Fig. 18. Fig. 19. Fig. 20. Fig. 21. Fig. 22. Fig. 23. Fig. 24. Fig. 27.

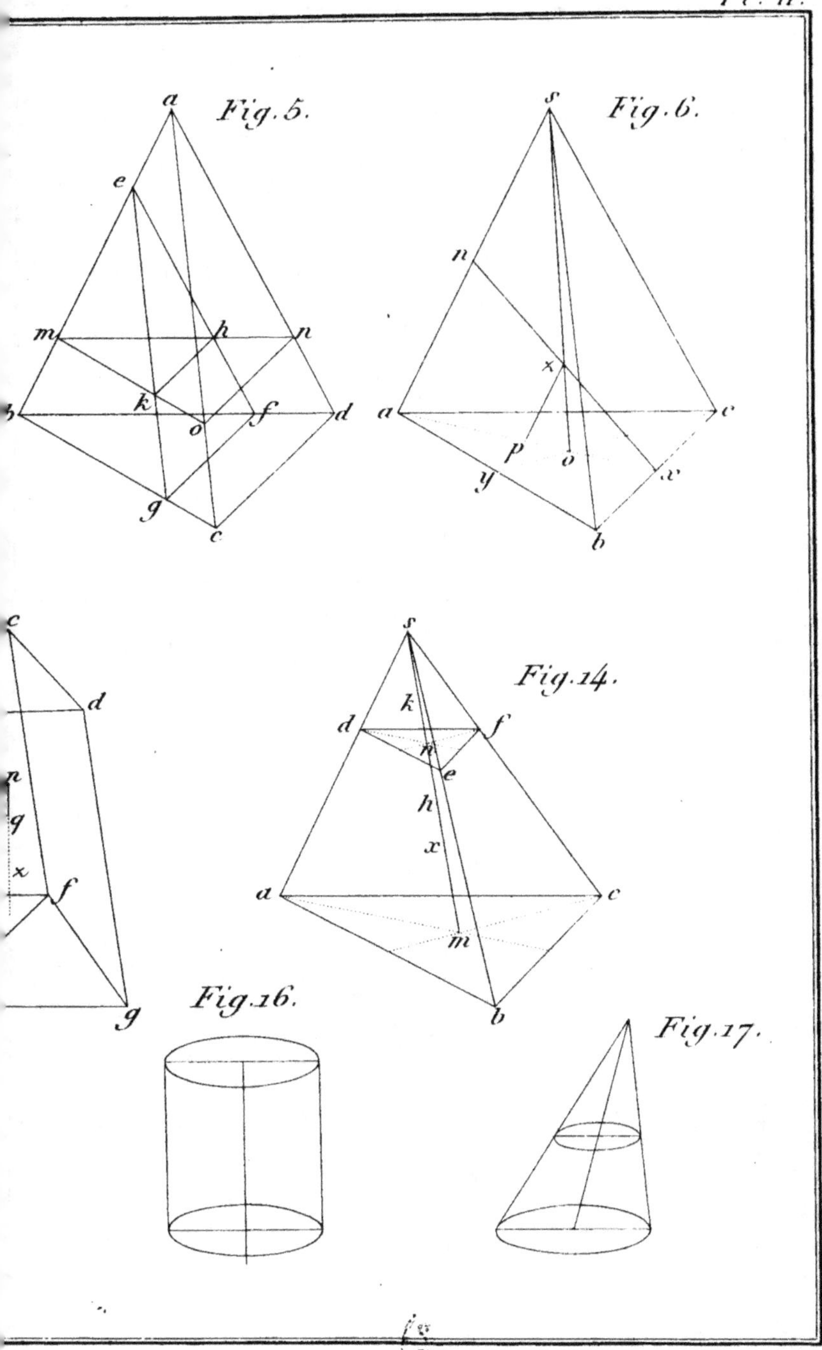

Fig.5.
Fig.6.
Fig.14.
Fig.16.
Fig.17.

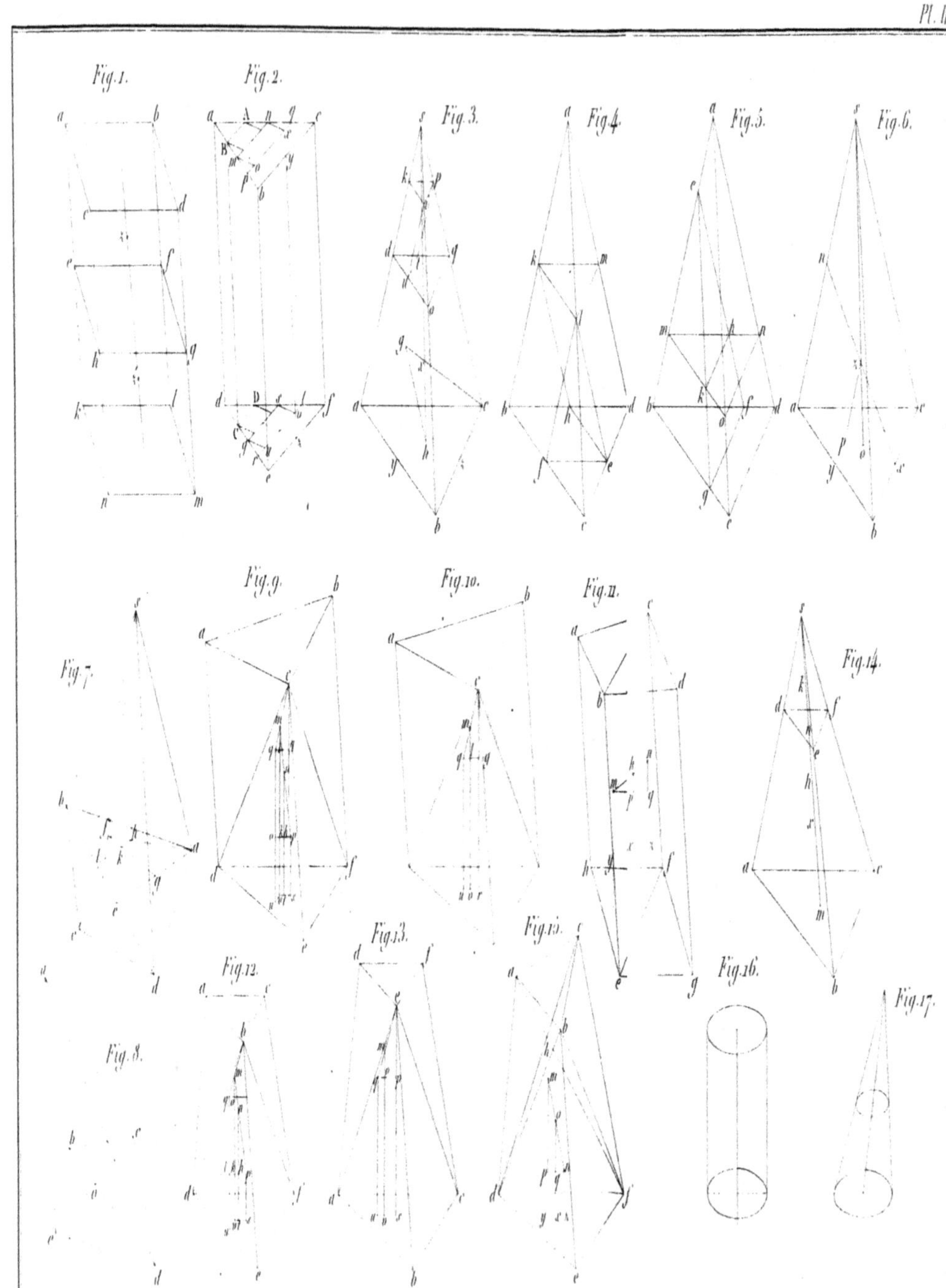
Fig. 1.
Fig. 2.
Fig. 3.
Fig. 4.
Fig. 5.
Fig. 6.
Fig. 7.
Fig. 8.
Fig. 9.
Fig. 10.
Fig. 11.
Fig. 12.
Fig. 13.
Fig. 14.
Fig. 15.
Fig. 16.
Fig. 17.

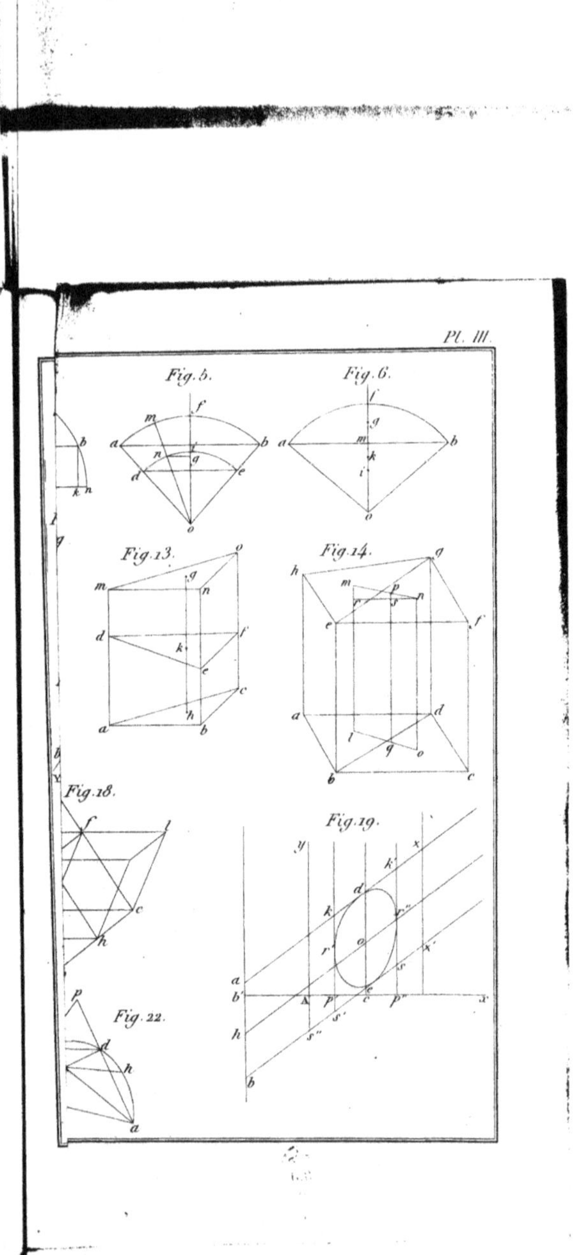

Fig. 5.
Fig. 6.
Fig. 13.
Fig. 14.
Fig. 18.
Fig. 19.
Fig. 22.

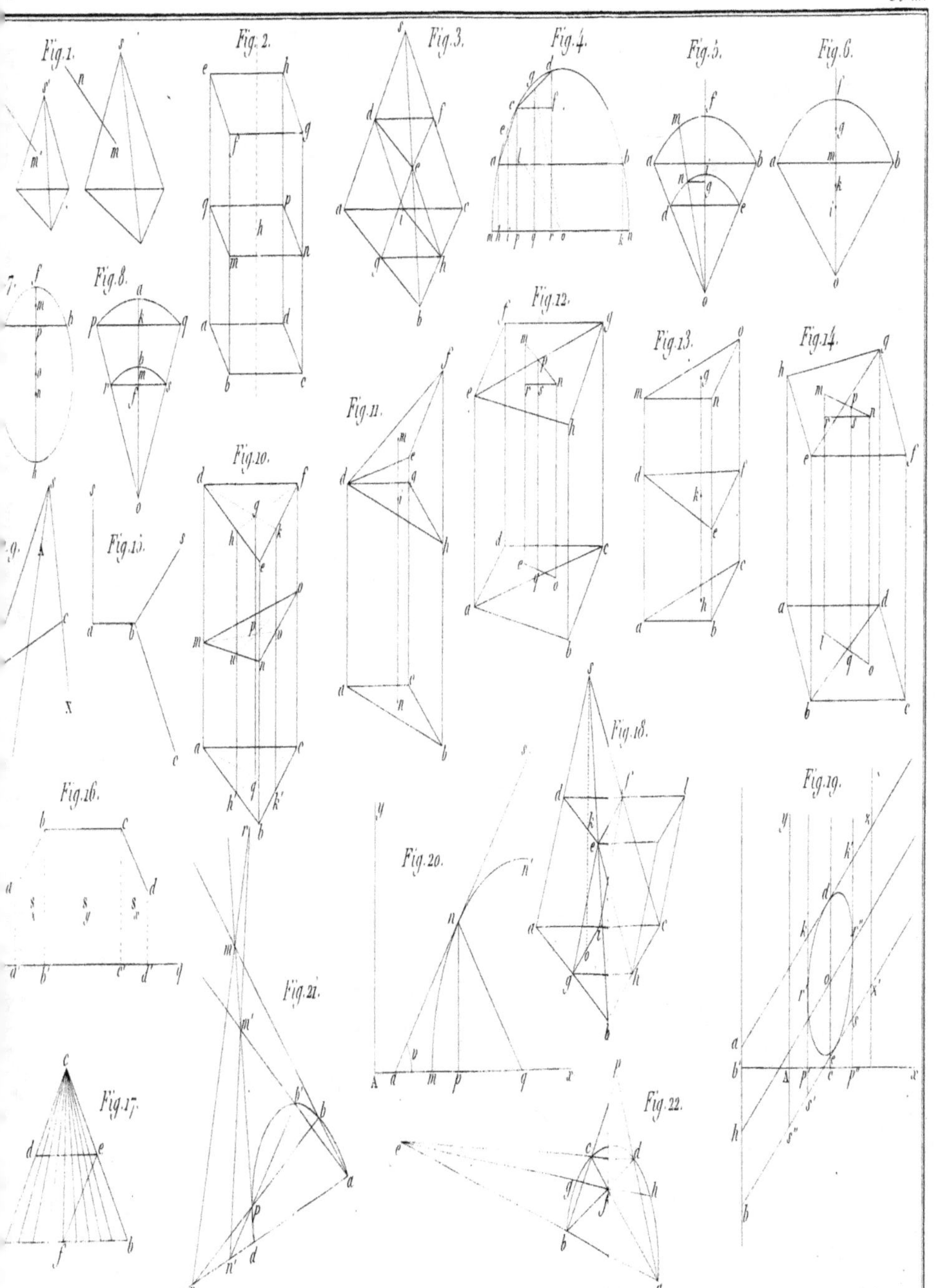

Pl. III.
Fig.1.
Fig.2.
Fig.3.
Fig.4.
Fig.5.
Fig.6.
Fig.8.
Fig.12.
Fig.13.
Fig.14.
Fig.11.
Fig.10.
Fig.15.
Fig.16.
Fig.18.
Fig.19.
Fig.20.
Fig.21.
Fig.17.
Fig.22.

www.ingramcontent.com/pod-product-compliance
Lightning Source LLC
LaVergne TN
LVHW051053200726
843508LV00001B/375